全球生态环境遥感监测2021年度报告
欧亚大陆草原生态状况

王琦安　柳钦火　等　编著

测绘出版社
·北京·

内 容 简 介

"全球生态环境遥感监测年度报告"基于我国科技计划成果，利用全球多源卫星遥感数据，针对与全球生态环境、人类可持续发展密切相关的热点问题，遴选合适的主题或要素进行动态监测，形成一系列全球或典型区域的专题数据产品，完成不同时空尺度的生态环境遥感监测和评价，编制基于遥感信息的全球或典型区域生态环境分析的年度评估报告。目前，年度报告已逐步形成较为全面的监测体系，力求从生态、环境、社会、人文等多个维度反映全球或区域生态环境变化的状态。

2021年度报告包含"全球陆域生态系统可持续发展态势""全球典型湖泊生态环境状况""欧亚大陆草原生态状况"和"全球大宗粮油作物生产与粮食安全形势"4个专题报告，本书为其中一个专题，致力于为各国政府、研究机构和国际组织的生态环境问题研究和政策制定提供依据。这些报告及数据产品可在国家综合地球观测数据共享平台网站（http://www.chinageoss.cn/）免费获取，欢迎各研究机构、政府部门和国际组织下载使用。

图书在版编目（CIP）数据

全球生态环境遥感监测2021年度报告. 欧亚大陆草原
生态状况 / 王琦安等编著. –– 北京：测绘出版社，
2022.6

　　ISBN 978–7–5030–4430–4

　　Ⅰ．①全… Ⅱ．①王… Ⅲ．①环境遥感 – 应用 – 生态
环境 – 全球环境监测 – 研究报告 – 2021②环境遥感 – 应用
– 草原生态系统 – 全球环境监测 – 研究报告 – 欧洲、亚洲
– 2021 Ⅳ．①X835②S812.29

　　中国版本图书馆CIP数据核字(2022)第097502号

全球生态环境遥感监测2021年度报告
欧亚大陆草原生态状况
Quanqiu Shengtai Huanjing Yaogan Jiance 2021 Niandu Baogao
Ouya Dalu Caoyuan Shengtai Zhuangkuang

责任编辑	刘　策	封面设计	刘　静	责任印制	陈姝颖

出版发行	测绘出版社	电　话	010－68580735（发行部）
地　址	北京市西城区三里河路50号		010－68531363（编辑部）
邮政编码	100045	网　址	www.chinasmp.com
电子邮箱	smp@sinomaps.com	经　销	新华书店
成品规格	210mm×285mm	印　刷	北京建筑工业印刷厂
印　张	5	字　数	103千字
版　次	2022年6月第1版	印　次	2022年6月第1次印刷
印　数	001–800	定　价	86.00元

书　号	978–7–5030–4430–4
审图号	GS（2021）7692号

本书如有印装质量问题，请与我社发行部联系调换。

全球生态环境遥感监测2021年度报告

编写委员会

主　任：王琦安　柳钦火

副主任：刘志春　吕先志　张松梅　牛　铮

成　员：张　景　刘一良　王丝丝　苗　晨　李　晗　刘阳同　王　乐
　　　　刘翔宇　宋婉娟　税　敏　赵鲜东　张　弛　刘　爽　杨立刚
　　　　郭　明　左　琛　韦纳都

顾问组

组　长：徐冠华

成　员：（按姓氏汉语拼音排序）
　　　　陈　军　郭华东　何昌垂　李朋德　廖小罕　王　权　张国成
　　　　张　雪　周清波

专家组

组　长：郭华东

成　员：（按姓氏汉语拼音排序）
　　　　陈　晋　高志海　贾根锁　路京选　吴朝阳　吴志峰　张风春
　　　　张　鹏

《欧亚大陆草原生态状况》编写组

组　　长：辛晓平

责任专家：樊江文

成　　员：（按贡献大小排序）

徐大伟　李振旺　沈贝贝　秦　琪　侯路路　乌　兰　丁　蕾

沈　洁　袁文平　李向林　陈　晋　陈吉泉　齐家国　王　旭

闫玉春　邵长亮　闫瑞瑞　徐丽君　庾　强　马克·韦尔茨（美国）

菲利普·格廷（美国）　玛依拉·库塞诺娃（哈萨克斯坦）

肯尼思·斯佩思（美国）　帕沙·格罗伊斯曼（俄罗斯）

古娜孜·伊斯卡科娃（哈萨克斯坦）　贾森·内斯比特（美国）

柳小妮　任正超

经济和科技的迅猛发展极大地推动了人类社会的进步，与此同时，资源的过度消耗和不合理利用导致的全球性生态环境问题日益突出，特别是气候变暖、生态退化、环境恶化、灾害频发、公共卫生事件等问题凸显，不仅影响全球经济社会的可持续发展，而且还威胁到人类的生存基础和生命健康。

中国政府一贯重视生态环境保护和生态文明建设，做出一系列顶层设计、制度安排和决策部署，持续开展生态环境监测、评估和保护等工作。中国已建立起气象、资源、环境、海洋等地球观测卫星应用体系，国产高分辨率对地观测系统和国家空间基础设施逐步完善，对地观测能力日益提高，是生态环境监测与评估的重要基础。同时，作为地球观测组织（GEO）的创始国和联合主席国，中国一直致力于在GEO框架下面向全球开放共享更多的地球观测数据产品、知识、服务和案例。

为满足全球生态环境治理、应对气候变化和实现可持续发展等需求，分享我国生态文明建设成果和经验，科学技术部按照"部门协同、内外结合、成果集成、数据共享、国际合作"的基本思路，于2012年启动"全球生态环境遥感监测年度报告"工作。该项开创性的工作充分发挥科技引领作用，持续产出一系列的专题报告和数据集产品，推动国产卫星数据共享和应用，促进我国全球综合监测和分析能力的提升，为全球生态环境治理提供有价值的公共产品，扩大我国参与GEO及国际地球观测事务的影响力。

2021年，继续面向国家重大需求和国际社会共同关切，利用遥感手段开展长时间序列监测，分析了全球陆域生态系统的时空变化特征、响应机制及可持续发展态势，揭示了全球典型湖泊时空分布格局、水文演变特征及藻华暴发的驱动因素，阐释了欧亚大陆草原生态环境改善的趋势及草畜平衡的状况，评估了近10年全球及中国粮食生产能力、自给状况的变化，形成了"全球陆域生态系统可持续发展态势""全球典型湖泊生态环境状况""欧亚大陆草原生态状况"和"全球大宗粮油作物生产与粮食安全形势"共4个专题报告及相关数据集产品。

《全球生态环境遥感监测2021年度报告》在过往9年工作的基础上，更加关注水质污染、草原畜牧、粮食自给等问题，全面、系统地评估了2015年联合国可持续发展目标提出后全球在生态环境治理和消除饥饿等方面所做的努力，可为应对气候变化、实施生态环境保护、实现可持续发展及保障粮食安全等方面的科学研究和政策制定提供数据与信息支撑。

"全球生态环境遥感监测年度报告"是一项长期性工作，在总结过往工作成果的基础上，应进一步面向联合国可持续发展目标和我国"共谋全球生态文明建设，深度参与全球环境治理"的愿景，落实中共十九届五中全会关于"十四五"规划和2035年远景目标的精神，坚持需求导向，加强协同创新，持续深化合作，为构建人类命运共同体、共建美好地球贡献中国智慧和方案。

徐冠华

2021年11月

为积极践行"推进生态文明建设""推动绿色发展，促进人与自然和谐共生"的发展理念，落实联合国2030年可持续发展议程，在科技部和财政部的支持下，国家遥感中心（地球观测组织中国秘书处）于2012年启动了"全球生态环境遥感监测年度报告"工作，会同遥感科学国家重点实验室，跨部门组织国内优势科研力量，开展全球及区域生态环境遥感专题产品研发及分析研究。10年来，在保持继承性和强调发展性原则基础上，围绕全球生态环境典型要素、热点问题和重点区域三大主题，陆续发布了涵盖11个专题序列的25个专题报告及72个数据产品。

为进一步加强该项工作对实施生态环境保护和推进绿色低碳发展的信息支撑作用，并面向国际社会共同关切持续提供公共产品和解决方案，2021年度报告围绕陆地植被、湖泊、草原等生态环境要素和粮食安全等热点问题开展遥感监测与专题研究，全面、系统地分析和评估了21世纪以来全球生态系统的时空分布格局和演变趋势，特别是2015年可持续发展目标提出以来，全球在推进生态环境可持续发展和实现零饥饿等方面的进展情况。2021年度报告联合了中国科学院空天信息创新研究院、中国科学院南京地理与湖泊研究所、中国农业科学院农业资源与农业区划研究所、清华大学等单位，共同完成了"全球陆域生态系统可持续发展态势""全球典型湖泊生态环境状况""欧亚大陆草原生态状况"和"全球大宗粮油作物生产与粮食安全形势"4个专题的报告编制及数据集生产工作。

"全球陆域生态系统可持续发展态势"专题面向联合国可持续发展目标15，生产了2015年、2020年陆地生态系统格局及变化产品、2010—2020年全球植被生长状况等数据产品，开展了全球陆域生态系统格局和植被生长状况监测分析，评估了全球山地和自然保护地的生态系统保护成效、驱动机制和可持续发展态势，可为全球陆域生态系统的认知提供科学依据。

"全球典型湖泊生态环境状况"专题是陆表水域专题的延续和拓展。湖泊是地球表层重要的淡水资源库和生态系统的重要组成，对保持生态系统稳定性和可持续性具有重要意义。该专题生产了2000—2020年全球最大水体范围在500 km^2 以上的自然湖泊的面积、水位、水量等数据集和富营养化湖泊藻华时空分布产品，分析了全球典型湖泊分布格局、水文要素和藻华暴发的变化趋势，揭示了其发生、发展的驱动因素及对区域发展的影响，可为藻华治理和湖泊保护提供数据及信息支撑。

"欧亚大陆草原生态状况"专题是陆地植被专题的延续和拓展。草原不仅是主要的陆地生态屏障，也是家畜的牧场和食物来源，具有重要的生态、经济和社会价值。该专题生产了2000—2020年欧亚大陆草原理论载畜量、可食饲草量、地上现存生物量及利用强度指数等数据产品，揭示了近20年欧亚大陆草原生态环境改善及草畜平衡的状况，可为草原生态环境保护和治理提供科学依据。

"全球大宗粮油作物生产与粮食安全形势"专题是自2013年以来持续发布的一个专题系列。及时、透明、公正的全球农情信息是精准把握农业生产与供应形势、维持粮食价格稳定、确保粮食贸易公平公正的重要支撑。该专题对2010—2020年全球、重点区域、主产国及我国粮食生产和自给状况进行了分析，反映了近10年全球粮食安全形势，并对2021年全球大宗粮油作物生产和进出口形势进行了预测，可为应对全球粮食安全挑战、实现联合国可持续发展目标2"零饥饿"提供重要数据支撑。

2021年度报告吸收了国家科技计划与相关部门最新科研成果，使用FY、GF、ZY、HY及Terra/Aqua、Landsat、Sentinel等国内外卫星遥感数据，辅以数字高程模型、水体数据、气象数据、土地覆盖数据、社会经济统计数据及保护区数据等资料，形成的成果通过国家综合地球观测共享平台面向国际社会共享。这是我国通过地球观测组织合作机制，在引领地球观测数据共享和建设性地参与全球生态环境治理等方面做出的贡献。

2021年11月

目 录

目　录

一、引 言

《中华人民共和国草原法》中草原是指天然草原和人工草地，天然草原包括草地、草山和草坡，人工草地包括改良草地和退耕还草地，本书采用《中华人民共和国草原法》中草原的概念。

根据联合国粮食及农业组织（Food and Agriculture Organization of the United Nations，FAO）2018年数据，全球草原面积约为3 000万km²，约占全球陆地面积的1/5，是分布最广的陆地植被覆盖类型之一，为全球超过7亿的人口直接提供了生产和生活资料。草原作为生产力较高的陆地生态系统，约占陆地总初级生产力（gross primary production，GPP）的1/3，是草食动物的主要饲草来源。草原生态系统在碳汇、防风固沙、水土保持与水源涵养等方面作用十分显著。同时，草原不仅是众多动物的栖息地，也是大量优良牧草、药草、观赏植物和经济植物的家园，其特殊的基因资源是人类赖以生存和发展的珍贵基因宝库。目前，世界上有30余个国家的草原面积占到本国国土面积的40%以上；草原面积超过50万km²的国家有中国、澳大利亚、美国、哈萨克斯坦、巴西、沙特阿拉伯、蒙古、阿根廷、俄罗斯、南非、墨西哥和安哥拉。

世界著名的天然草原包括欧亚大陆的斯太普草原（Steppe）、北美洲的普雷里草原（Prairie）、南美洲的潘帕斯草原（Pampas）、非洲南部的费尔德草原（Veld）及散布于各大洲热带地区的萨瓦纳草原（Savanna）等（图1.1）。斯太普草原是世界上最大的草原区，西自多瑙河下游，经罗马尼亚、俄罗斯、哈萨克斯坦、蒙古达中国东北，东西横跨经度约110°。

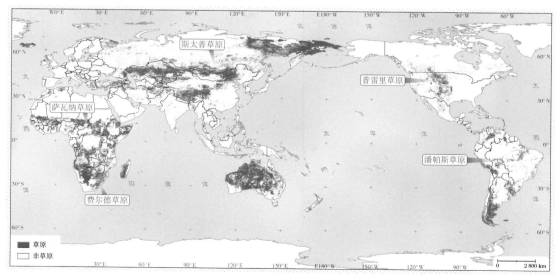

图1.1 世界草原空间分布

本书研究地理范围覆盖整个欧亚大陆，研究对象以斯太普草原为主，同时也包括区域内苔原、稀树草原、暖热性草山和草坡，以及永久性人工草地等。欧亚大陆是全球草原面积最大的地区，草原分布相对集中和连续。草原不仅是家畜的放牧场，也是人类生产和生活资料的来源之一，同时在人类环境和文明发展过程中发挥着极其重要且不可代替的作用，具有重要的经济、生态和社会价值。在人类活动的早期，欧亚大陆游牧民族沿着欧亚大陆草原迁徙，推动了东西方文化的交流，形成了沟通欧亚大陆的"草原之路"，在文明互动中发挥了重要作用。近几十年来，在气候变化及强烈的人类活动（如农田扩张、工业开发、过度放牧等）的作用下，欧亚大陆草原出现了退化、荒漠化和生物多样性丧失等现象，正成为全球遭受环境压力最大的区域之一。

联合国《2030年可持续发展议程》提出的17项可持续发展目标（Sustainable Development Goals，SDGs）、169项具体目标中，明确"防治荒漠化，恢复退化的土地和土壤，包括受荒漠化、干旱和洪涝影响的土地"（SDG 15.3），"采取紧急重大行动来减少自然栖息地的退化，遏制生物多样性的丧失"（SDG 15.5），"加强各国抵御和适应气候相关的灾害和自然灾害的能力"（SDG 13.1），"将应对气候变化的举措纳入国家政策、战略和规划"（SDG 13.2）。欧亚大陆草原生态状况变化监测和评估对于推动实现联合国可持续发展目标具有重要意义。同时，报告可为地球观测组织（Group on Earth Observations，GEO）在生物多样性、生态系统管理、防灾减灾、粮食安全和可持续农业等领域的工作提供信息参考。

本书利用遥感技术，基于长时间序列植被生产力、植被覆盖度（fractional vegetation cover，FVC）、草原理论载畜量、草原地上现存生物量、草原利用强度指数等数据，结合地面调查数据、气象数据和社会经济统计数据，综合评估欧亚大陆草原生态状况及变化，并针对主要天然放牧草原进行利用状况评估，进一步对重点和典型区域进行详细剖析，为联合国土地退化、生物多样性保护和气候变化应对提供监测数据及评估结果支持，为制定相关政策、战略和规划提供依据。

二、欧亚大陆草原分布及现状

概　要

欧亚大陆草原分布地域广阔，草原总面积为1 183万km²，约占全球草原面积的1/3、欧亚大陆总面积的22%。从地理空间分布上看，欧亚大陆草原主要分布在蒙古高原、青藏高原、中亚、西伯利亚、中欧及东欧等地区。从草原类型上看，欧亚大陆草原包括极寒干旱半干旱草原、极寒湿润半湿润草原、温性干旱半干旱草原、温性湿润半湿润草原、暖热性干旱半干旱草原和暖热性湿润半湿润草原。从草原退化状况上看，相对于1982—1991年，2005—2015年欧亚大陆草原未退化面积占比为36.93%，38.78%草原处于轻度退化，17.27%草原处于中度退化，7.02%草原处于重度退化。欧亚大陆主要放牧草原（以斯太普草原为主）未退化面积占比为25.61%，44.92%草原处于轻度退化，21.03%草原处于中度退化，8.44%草原处于重度退化。

2.1　欧亚大陆草原空间分布

欧亚大陆是全球草原最为集中连片、面积最大的分布区，从东西伯利亚高纬度地区的苔原到中纬度地区的斯太普草原，直至低纬度湿润地区的灌草丛和干热地区的稀树草原，以及散布于各国的人工草地，草原总面积达1 183万km²（基于2020年GlobeLand30全球地表覆盖数据），约占全球草原面积的1/3、欧亚大陆总面积的22%。欧亚大陆草原从北到南跨越了寒带、温带、亚热带、热带等多个气候带，广阔的地域兼以青藏高原和众多高大山系的地形变化，形成了极为丰富的草原类型。欧亚大陆草原分布具有较强的地带性规律，水平地带性主要表现为随着热量带变化，草原类型从北到南由苔原、草原、草丛和灌草丛依次更替；同时沿着水分梯度变化，草原类型从草甸、草原向荒漠过渡。在高原和山地区域，随着地形起伏和海拔高度变化，形成了不同的山地草原垂直地带性。

中纬度地区的斯太普草原是欧亚大陆草原的主体，东西绵延约8 000 km，也是全球最重要的放牧场之一。斯太普草原以禾本科草本植物为主，伴生多种杂类草，具有丰富的生物多样性，并伴以食草性动物如牛、马、羊等，食肉动物如狼和猛禽类，小型啮齿类动物如鼠、兔等，以及其他动物如蛇、蚂蚁等。由于气候干旱，又处于盛行西风带上，斯太普草原具有很强的荒漠化风险，一直是全球变化和可持续发展研究关注的重点区域。斯太普草原可初步分为黑海—哈萨克斯坦草原亚区、亚洲中部草原亚区和青藏高原草原亚区。黑海—哈萨克斯坦草原亚区位于斯太普草原西半部，在地中海气候影响下，春季温暖湿润，全年有春秋两个生长高峰。亚洲中部草原亚区位于斯太普草原东北部，主要包括蒙古高原、松辽平原和黄土高原等区域，春季较为干旱，生长高峰出现在夏季。青藏高原草原亚区是世界上海拔最高的草原区域，年降水量分配不均，雨季和旱季分异明显，生长高峰出现在夏季。

　　欧亚大陆草原在高纬度地区以苔原为主，主要分布在西伯利亚及北欧部分地区，是发育在永久性冻土上的多年生常绿植物群落，夏季寒冷短促，植被低矮，生产力低，人类活动稀少。植被由苔藓、地衣、多年生草本和矮小灌木组成，动物种类相对较少，主要有旅鼠、驯鹿、麝牛和狼等。

　　欧亚大陆草原在低纬度地区以暖热性灌草丛和热带稀树草原为主，暖热性灌草丛主要分布在东亚和东南亚，植物高大，伴生有稀疏灌木或小乔木，生产力高但牧草品质相对较低。热带稀树草原气候干燥，有明显的雨季和旱季，以热带耐旱生草本植物为主，着生稀疏乔木，常见大量有蹄类食草哺乳动物。

　　欧洲地形以平原为主，天然草原面积较小，类型简单，以阿尔卑斯高山草原、地中海沿岸的常绿硬叶灌丛和北部的苔原最具特点。但是，欧洲具有长期的草地培育历史，培育了高品质、高产量的豆科牧草及禾草，具有较大面积的永久性人工草地，极大地改善了欧洲的畜牧业生产状况。

　　欧亚大陆草原主要成片分布在蒙古高原、青藏高原、中亚、西伯利亚、中欧及东欧等地区，其他区域呈零散分布。蒙古高原、青藏高原和中亚地区的草原面积占到欧亚大陆草原总面积的40%以上，人类活动干扰相对较多。西伯利亚北部主要为苔原，人类活动干扰相对较少。

　　蒙古高原位于欧亚大陆中部，作为东北亚地区的一个特殊地貌单元，远离海洋，跨越俄罗斯、蒙古和中国三个国家，草原是其主要的植被覆盖类型。蒙古高原平均海拔约为1 500 m，地势西高东低，年降水量约为270 mm，各地分布不均，降水量分布随着离海洋距离的增加由东北向西南逐渐减小，其中东北部地区最多，年降水量为300~400 mm，西南部地区年降水量仅约为100 mm；多年平均气温约为4℃。蒙古高原自然植被类型受气候因子影响，由东向西南依次分布森林、森林草原、草甸草原、典型草原、荒漠草原和荒漠等类型，生态环境多样且脆弱（图2.1）。

　　青藏高原是世界上海拔最高、面积最大、形成最晚的高原，中国境内部分是青藏高原的主体，其中草原生态系统面积占比在50%以上。中国境内的青藏高原平均海拔在4 000 m以上，属于中国大陆地势最高的一级台阶，其地形复杂，海拔变化大，辐射强烈，日照较多，气温较低，多年平均气温约为3℃；降水主要受西南季风控制，年降水量多年均值约为480 mm，自东南向西北方向逐渐减少。青藏高原草原生态系统不仅构成了高原自然生态系统的主体，而且孕育了众多河流，是长江、黄河和澜沧江的发源地，提供了长江总水量的25%、黄河总水量的49%和澜沧江总水量的15%。青藏高原草原生态系统不仅是支撑高原畜牧业发展、维系农牧民生活水平的重要物质基础，且在涵养水源、保护生物多样性和固碳等生态功能中起着不可替代的生态屏障作用。青藏高原草原类型主要有高寒草甸、高寒草原等（图2.2）。

图2.1 蒙古高原草原景观

高寒草甸1　高寒草原1　高寒草甸2　高寒草原2

图2.2　青藏高原草原景观

中亚草原主要分布在哈萨克斯坦、吉尔吉斯斯坦、塔吉克斯坦、土库曼斯坦、乌兹别克斯坦及中国的新疆维吾尔自治区（图2.3）。中亚深处欧亚大陆腹地，远离海洋，气候干燥，为典型的温带大陆性气候。中亚地形复杂多样，地势东南高、西北低，东南部高山区主要是以塔吉克斯坦和吉尔吉斯斯坦两国为主的天山、吉萨尔—阿赖山山系西缘的支脉及山前地带；西部平原区基本为沙漠荒漠，绿洲农业较为发达；中北部低山丘陵区位于哈萨克斯坦北部，其中最北部的平原区为主要的耕作区，中部为哈萨克丘陵，大部分为草原覆盖，畜牧业发达；西南部为图兰低地，东缘为阿尔泰山系；中国新疆维吾尔自治区呈三山加两盆的地形，三山为昆仑山、天山和阿尔泰山，两盆指塔里木盆地和准噶尔盆地。

西伯利亚地区位于俄罗斯东部地区，西起乌拉尔山，东至太平洋沿岸的分水岭山脉，北临北冰洋，南与中国、蒙古和哈萨克斯坦接壤。西伯利亚地区按地形主要分为西西伯利亚低地、中西伯利亚高原以及东部和南部山地。其中，西西伯利亚低地地势低平，平均海拔约为120 m；中西伯利亚高原平均海拔为500~1 500 m；东部和南部山地平均海拔为1 000~2 000 m。该地区从南向北横跨寒温带大陆性气候带、寒带大陆性气候带和极地气候带，年平均气温低于0℃。受大气环流和地形影响，降水总体呈由西向东、由南向北递减的趋势，主要集中在夏季。西伯利亚地区具有多样的地表覆盖类型和丰富的生态系统资源，受气候、地形、土壤及海陆条件等多因素的综合影响，地表覆盖在空间上总体具有明显的变异特点，由南向北依次为草原、森林草原、森林、森林苔原和苔原。

　　欧洲草原主要由永久性人工草地和天然草原组成，产量变化很大。人工草地主要以白三叶、多年生黑麦草、猫尾草、鸭茅及羊茅等为主。波兰和德国天然草原集中分布在山谷和河泛平原，以及南部的苏台德和喀尔巴阡山脉。欧洲东南部草原主要分布在高山和亚高山带，地中海地区的永久放牧草原遭受着严重缺水的威胁。

图2.3　中亚草原景观

2.2　欧亚大陆草原类型划分

　　草原类型划分是揭示草原生态规律、进行草原优化管理的基础。但是，欧洲和亚洲分别采用不同的植被分类系统，并且不同国家有着不同的草原分类原则。即便是同一个国家，也存在不同的草原分类系统，以我国为例，常用的分类方法和系统包括：①基于植物群落学分类法的草原类型划分，以《中国植被》（1980年）为主要代表，将中国主要草原植被划分为草原、草甸、草本沼泽、灌草丛、稀树草原及荒漠等类型；②基于植被—生境学分类法的草原类型划分，以《中国草地资源》（1996年）中草原类型分类为代表，将覆盖中国的天然草原划分为18类，如温性草甸草原、温性草原、温性荒漠、高寒草甸、高寒草原、高寒荒漠、暖性草丛、暖性灌草丛、热性草丛及热性灌草丛等类型（图2.4），2017年实施的农业行业标准《草地分类》（NY/T 2997—2016）在此基础上将天然草原类型划分为9类；③基于气候—土地—植被综合顺序分类法的草原类型划分，以量化的气候指标（热量和湿润度）为依据，将具有同一地带性农业生物气候特征的草原划分为类，类是基本分类单位，类以下以土壤、地形特征划分亚类，亚类以下以植被特征划分为型，同一型表示其植被具有一致的饲用价值及经营管理措施，此分类法将中国草原划分为多个类型，如微温微湿草甸草原、微温微干温带典型草原、微温干旱温带半荒漠及寒温微干山地草原等类型。其中，综合顺序分类法相对较为灵活，近20年来在国际上使用相对较多。

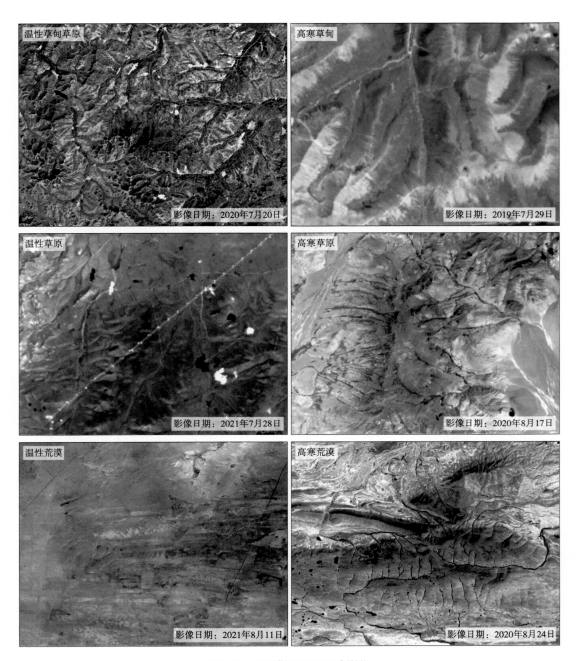

图2.4　不同草原类型遥感影像

气候—土地—植被综合顺序分类法根据热量（>0℃的积温）和湿润度（K值）地带性生物气候综合特征划分一级分区。参考该分类系统将欧亚大陆草原划分为3个热量级（极寒、温性和暖热性）、4个湿润度级（湿润、半湿润、干旱和半干旱），按照热量级和湿润度级组合形成12个类别，为方便后续统计分析将其合并为6个类别，分别为极寒干旱半干旱草原、极寒湿润半湿润草原、温性干旱半干旱草原、温性湿润半湿润草原、暖热性干旱半干旱草原和暖热性湿润半湿润草原（图2.5）。

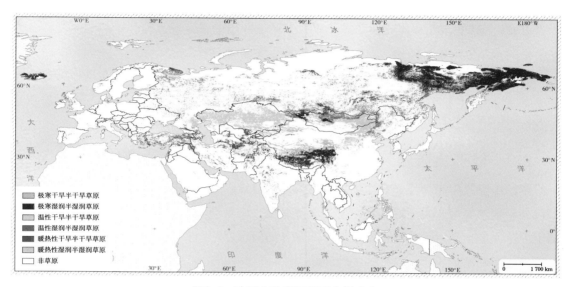

图2.5 欧亚大陆草原类型空间分布

极寒干旱半干旱草原主要分布在青藏高原北部、中亚东部（吉尔吉斯斯坦、塔吉克斯坦、阿富汗东部）和巴基斯坦北部，面积为92万km²，草原湿润度小于1.20，生长季长度少于134天，草原生产力在欧亚大陆草原类型中居末位。该草原类型利用强度相对较低，其中青藏高原及其周边地区的高寒草甸，以牦牛、绵羊和山羊等家畜为主，以全年放牧利用的方式，形成了世界上独特的大面积高原草原畜牧业。

极寒湿润半湿润草原主要分布在北纬60°以北、中国青藏高原南部及俄罗斯中南部等区域，面积为298万km²，草原湿润度在1.20以上，生长季长度约141天，土壤类型多为冰沼土、灰化土和栗钙土。该类型建群种多以耐寒中生和湿中生植物为主，草原生产力相对较低，平均总初级生产力（GPP）仅为252.84 g C•m⁻²•a⁻¹，约为欧亚大陆草原GPP的一半，其中青藏高原南部草原生产力相对较高。

温性干旱半干旱草原集中分布在北纬30°至北纬50°的中亚和蒙古高原，面积居于欧亚大陆草原类型首位，为348万km²。该区域草原生态环境差异明显，中亚区域草原生态环境随纬度升高逐渐变好，蒙古高原草原生产力自东向西逐渐减小。温性草原在欧亚大陆草原中占比最大，植被以旱生多年生禾本科为主，主要以针茅属、赖草属、羊茅属、冰草

9

属、披碱草属及菊科蒿类植物为主；家畜种类丰富，西部地区主要为哈萨克系的马、牛、绵羊和山羊，东部地区主要是蒙古系的马、牛、绵羊和山羊。

温性湿润半湿润草原分布广泛，主要分布在北纬50°至北纬60°地区，面积为319万km²。该区域草原生态环境较好，草原生产力较高，GPP高于除暖热性湿润半湿润草原外的其他草原类型，平均为793.34 g C•m^{-2}•a^{-1}，生长季长度可达167天，土壤类型多以灰色森林土和黑钙土为主。

暖热性干旱半干旱草原主要分布在北纬30°以南的中亚西部、印度和西亚南部，面积为77万km²。其中印度和西亚部分的草原生态环境好于中亚区域。暖热草丛的建群种多为旱中生的多年生禾本科植物，混生有杂草类或蒿类植物。

暖热性湿润半湿润草原主要分布于北纬30°以南的中国南部、印度和东南亚区域，面积为49万km²，生长季长度可达220天以上。草原植被主要为次生植被，草原生产力居欧亚大陆草原类型首位，平均GPP为1 780.59 g C•m^{-2}•a^{-1}。

2.3 欧亚大陆草原退化状况

草原由于其生态环境和利用的特殊性易发生退化，草原退化是一种不利的逆向演替，不仅会导致草原生产力下降和草原生态环境恶化，而且会使草原畜牧业变得更加脆弱和不稳定。草原退化是世界各国普遍存在的问题，如何合理利用和有效保护草原是实现草原可持续发展面临的重要而又亟待解决的问题。

本书中选取归一化植被指数（normalized differential vegetation index，NDVI）和利用强度指数作为评价欧亚大陆草原退化状况指标。分析结果表明，截至2015年，欧亚大陆草原36.93%的区域处于未退化状态，集中连片分布在西伯利亚苔原，其他区域零散分布；处于退化状态的草原面积占比为63.07%，其中轻度退化面积占比为38.78%，中度退化面积占比为17.27%，重度退化面积占比为7.02%，退化草原主要分布在除苔原外的草原区域，即欧亚大陆主要放牧草原（以斯太普草原为主）（图2.6）。欧亚大陆主要放牧草原退化面积占比达74.39%，从不同退化等级来看，轻度退化草原分布面积最大，占比为44.92%，在全区均有分布；中度退化面积占比为21.03%，主要分布在中国内蒙古自治区和蒙古交界处，以及哈萨克斯坦与蒙古交界处；重度退化面积最少，占比为8.44%，主要分布在中国内蒙古自治区中部、蒙古西侧及哈萨克斯坦的阿特劳州和阿克托别州。

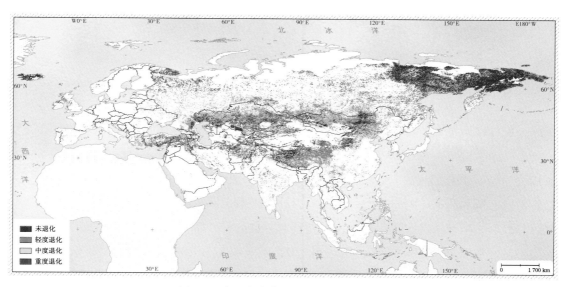

图2.6 欧亚大陆草原退化状况空间分布

　　欧亚大陆草原以蒙古高原、青藏高原和中亚等地区草原为主体，分布着多种草原类型。蒙古高原以温性干旱半干旱草原和温性湿润半湿润草原为主，草原退化面积占比为81.20%，其中中度退化面积占比27.23%，主要分布在蒙古高原南侧和西北部；重度退化草原占比10.90%，以蒙古的西南区域最为显著。青藏高原以极寒干旱半干旱草原和极寒湿润半湿润草原为主，草原退化面积占比为73.86%，未退化（26.14%）和轻度退化（43.27%）草原集中分布在青藏高原北部和东部，前者地处高海拔偏远地区，交通不便，大部分区域无人居住，草原多处于自然利用状态，后者以高寒草甸为主，生产力较高，对外界环境变化抵御能力相对较强；中度和重度退化草原面积占比为30.59%，小于中亚（40.18%）和蒙古高原（38.13%）草原，主要分布在极寒干旱半干旱草原和极寒湿润半湿润草原的过渡区，该区域草原植被生长比较脆弱，受外界环境影响较大。对比蒙古高原和青藏高原，中亚地区草原植被生长状况较差，中度及重度退化草原面积比例在三者中最大，其中36.30%草原处于轻度退化，以东部较为明显；27.58%草原处于中度退化，主要分布在西哈萨克斯坦州和阿克托别州交界一带；12.60%草原处于重度退化，以西哈萨克斯坦州为主。

　　从欧亚大陆不同国家来看，哈萨克斯坦草原76.88%的区域存在不同程度的退化，其中中度退化等级以上面积占比为40.28%；阿富汗草原中度及重度退化等级面积占比为34.36%，这种现象与这些地区畜牧业生产主要依靠天然草原，投入相对较少、管理较为粗放存在一定关系。相比20世纪80年代，中国草原在2000年前后85.83%的区域发生着不同程度的退化，2010年前后退化面积减少至73.24%。2000年以来，中国草原呈现向好趋势，通过实施"京津风沙源治理工程""退耕还林还草""退化草原治理""草原生态保护补助奖励机制"等项目和政策，在恢复草原植被、防治水土流失及扭转生态恶化等方面取得了成效，改善了草原植被生长状况。

三、欧亚大陆草原植被状况及变化

概　要

　　基于2000—2020年逐年遥感数据产品分析结果表明，欧亚大陆草原植被状况整体变好，85%以上的草原总初级生产力（GPP）呈增长趋势，80%以上的草原植被覆盖度（FVC）呈增加趋势，草原GPP和FVC呈增长趋势的面积分别为1 037.68万km^{2}和992.72万km^2，呈减少趋势面积分别为145.32万km^{2}和190.28万km^2。中国内蒙古自治区西部、蒙古东部的克鲁伦河流域和西部的阿尔泰山脉与杭爱山脉、青藏高原西部与东部的青海湖流域以及南亚西北部草原植被状况改善明显。从不同草原类型来看，极寒干旱半干旱草原植被状况改善最明显，相对于2000—2004年，2016—2020年区域内约68%的草原GPP和FVC增长率超过20%；温性干旱半干旱草原植被状况空间变化差异明显，约52%的草原GPP和约40%的草原FVC增长率超过20%，但同时也有约20%的草原GPP和约25%的草原FVC下降。

3.1　欧亚大陆草原植被状况空间格局

　　总初级生产力（GPP）和植被覆盖度（FVC）是表征草原植被状况的重要指标。GPP是绿色植被单位时间、单位面积上通过光合作用将CO$_2$转化成的自身有机物的总量，代表了植被固定大气CO$_2$的能力，决定进入陆地生态系统的初始物质和能量，是草原生产能力和可食饲草量的重要指标；FVC是指植被在地面的垂直投影面积占统计区总面积的百分比，能定量反映地表植被的生长和分布状况，是衡量地表植被状况和防风固沙功能的直观指标。

　　本书基于欧洲航天局（European Space Agency，ESA）生产的总干物质生产力（gross dry matter production，GDMP）产品（该数据空间分辨率为1 km，时间分辨率为10天），通过加和处理成年度GPP产品。数据显示，2020年欧亚大陆草原GPP总量为6.06 Pg C•a^{-1}，平均GPP为512.39 g C•m^{-2}•a^{-1}。欧亚大陆草原GPP分布表现出明显的地带特征，即随着纬度升高，GPP先升高后降低，并从沿海到内陆逐渐降低。其中，GPP较低的地区主要位于北纬60°以北的高纬度寒冷地区、哈萨克斯坦中部和南部、西亚东部、青藏高原中西部和蒙古高原戈壁沙漠与草原交界地带等水热条件较差的区域（图3.1），这些区域GPP多小于100 g C•m^{-2}•a^{-1}。欧亚大陆草原GPP较高的地区位于赤道0°至北纬10°的东南亚地区，部分区域GPP超过2 000 g C•m^{-2}•a^{-1}，这一现象与该地区较适宜的水热条件有关。欧洲低纬度区域草原也有较高的生产力水平。

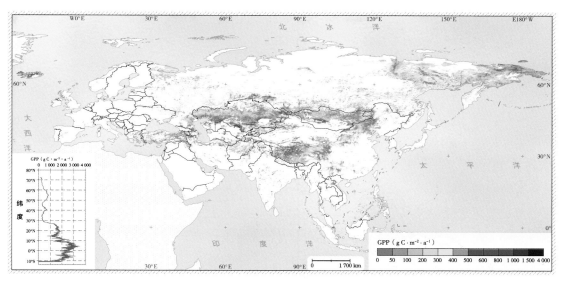

图3.1　2020年欧亚大陆草原GPP空间分布

　　本书基于ESA生产的FVC产品（该数据空间分辨率为1 km，时间分辨率为10天），采用最大值合成法处理为年度FVC产品。2020年欧亚大陆草原平均FVC为0.49，FVC为0~0.3的草原面积占比为31.30%，FVC为0.3~0.5的草原面积占比为24.29%，FVC为0.5~0.7的草原面积占比为25.01%，FVC为0.7~1.0的草原面积占比为19.40%。欧亚大陆草原FVC空间分布与GPP总体一致，随着纬度升高FVC先升高后降低，并从沿海到内陆逐渐降低（图3.2）。欧亚大陆草原FVC较高地区主要分布在南纬10°至北纬8°的东南亚地区，以及北纬50°至北纬60°的区域，中国东北地区的草原也有较高的FVC。FVC较低的地区主要位于哈萨克斯坦中部和南部、西亚东部、青藏高原中西部和蒙古高原戈壁沙漠与草原交界地带。与GPP分布特征不同的是，俄罗斯境内位于北纬60°以北的西伯利亚地区草原也有较高的FVC，平均FVC达到0.51。

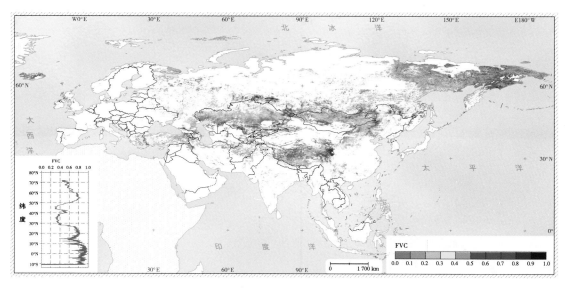

图3.2　2020年欧亚大陆草原FVC空间分布

从不同草原类型来看，平均GPP从高到低依次为暖热性湿润半湿润草原、温性湿润半湿润草原、暖热性干旱半干旱草原、温性干旱半干旱草原、极寒湿润半湿润草原和极寒干旱半干旱草原，最高为1 780.59 g C•m^{-2}•a^{-1}，最低仅为225.75 g C•m^{-2}•a^{-1}（表3.1）。从草原GPP总量上看，温性湿润半湿润草原GPP总量最高，为2.53 Pg C•a^{-1}，占欧亚大陆草原GPP总量的41.75%（表3.1、图3.3），这与该草原类型相对较大的面积与较高的生产力有关；温性干旱半干旱草原虽然是欧亚大陆草原类型中面积最大的草原，但由于单位面积生产力较低，GPP总量仅占欧亚大陆草原GPP总量的22.28%；暖热性湿润半湿润草原面积最少，但具有最高的单位面积生产力，使得GPP总量达到欧亚大陆草原GPP总量的14.36%；暖热性干旱半干旱草原和极寒干旱半干旱草原GPP总量较小，分别占欧亚大陆草原GPP总量的5.77%和3.46%。与GPP相似，暖热性湿润半湿润草原和极寒干旱半干旱草原平均FVC是欧亚大陆草原类型中最高和最低的类型，分别为0.83和0.29；俄罗斯远东地区较高的FVC，使得极寒湿润半湿润草原整体上也有较高的FVC，平均为0.52，高于暖热性干旱半干旱草原和温性干旱半干旱草原，这种现象与GPP的差异较大。

表3.1　2020年欧亚大陆不同草原类型植被状况统计

草原类型	面积 （万km²）	GPP总量 （Pg C•a^{-1}）	GPP总量占比 （%）	平均GPP （g C•m^{-2}•a^{-1}）	平均 FVC
极寒干旱半干旱草原	92	0.21	3.46	225.75	0.29
极寒湿润半湿润草原	298	0.75	12.38	252.84	0.52
温性干旱半干旱草原	348	1.35	22.28	388.54	0.31
温性湿润半湿润草原	319	2.53	41.75	793.34	0.75
暖热性干旱半干旱草原	77	0.35	5.77	448.19	0.33
暖热性湿润半湿润草原	49	0.87	14.36	1 780.59	0.83

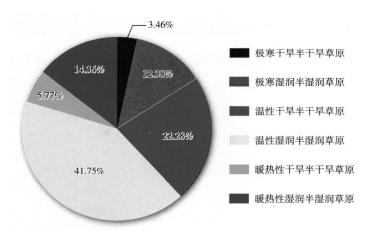

图3.3　2020年欧亚大陆不同草原类型GPP总量占比

3.2 欧亚大陆草原植被覆盖度变化态势

2000年以来，欧亚大陆草原超过80%的区域FVC呈现上升趋势，对区域防风固沙、保持水土和涵养水源等方面起到重要作用。其中，欧亚大陆草原FVC呈增加趋势的面积为992.72万km^2，呈减小趋势的面积为190.28万km^2。由于气候变化、草原类型、草原利用与管理等方面的差异，不同国家和地区的FVC变化也存在明显的空间差异性（图3.4）。2000年以来，草原FVC明显增加的区域主要分布在蒙古东部的克鲁伦河流域、中国内蒙古自治区西部、青藏高原西北部、阿富汗及巴基斯坦等区域，主要是因为近年来这些区域降水量增加或较好的草原生态保护政策。草原FVC下降的区域主要分布在中亚咸海流域及哈萨克斯坦西部和北部，主要是因为该区域气候干旱少雨及剧烈农业活动引起了水资源的紧张。另外，青藏高原东南部和蒙古高原东部也有小面积的FVC下降。

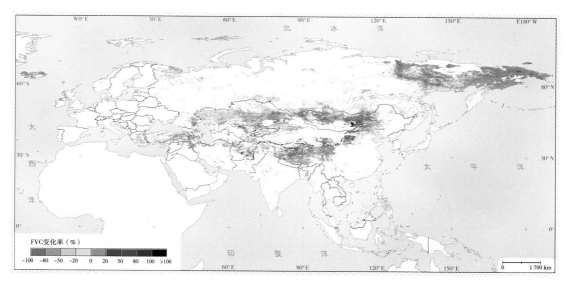

图3.4 2000—2020年欧亚大陆草原FVC变化率空间分布

草原FVC变异系数代表了年际变化的稳定性，变异系数越小，FVC年际波动越小，草原植被生长状况越稳定。从图3.5可以看出，2000年以来，欧亚大陆大部分草原区域草原FVC变异系数相对较小，草原FVC相对稳定。草原FVC波动较大的区域主要分布在中亚中部、蒙古高原中部和青藏高原西北部，表明这些区域草原植被生态环境较为脆弱，易受自然或人类因素的干扰。

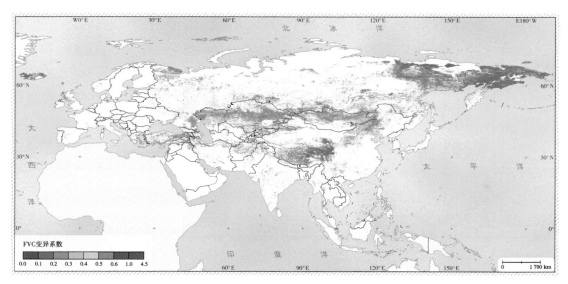

图3.5 2000—2020年欧亚大陆草原FVC变异系数空间分布

1. 极寒干旱半干旱草原

欧亚大陆极寒干旱半干旱草原主要分布在青藏高原北部、中亚天山山脉和帕米尔高原，另外蒙古高原西部、西亚北部和东西伯利亚也有小面积分布。受低温和降水条件的限制，极寒干旱半干旱草原平均FVC在整个欧亚大陆草原类型中最低，2020年该草原类型平均FVC为0.29。2000—2020年极寒干旱半干旱草原平均FVC整体变化较小，变化范围为0.22~0.29，但呈上升趋势，见图3.6（a）。区域内FVC变化空间差异明显，68.33%草原的FVC增长率超过20%，其中青藏高原北部和帕米尔高原FVC增长率超过50%，可能原因是该地区暖湿化的气候趋势促进了草原植被生长。同时，区域内也有7.54%草原的FVC减小（图3.7），主要分布在天山山脉北部，主要与该地区降水减少有关。

2. 极寒湿润半湿润草原

欧亚大陆极寒湿润半湿润草原主要分布在北纬60°以北的东西伯利亚、冰岛和青藏高原南部，中西伯利亚高原南部和蒙古高原高海拔地区也有小面积的分布。2020年该草原类型平均FVC为0.52。在全球变暖趋势下，2000—2020年该区域FVC整体呈现上升趋势，见图3.6（b），区域内90.76%草原的FVC增加（图3.7），但仅有10.78%的草原FVC增长率大于50%。其中，2000—2013年草原FVC增长缓慢；2014—2020年，受全球升温加速影响，FVC增长加快。青藏高原西部和蒙古高原高海拔地区草原FVC增长较快，可能由于该地区草原植被生长受温度限制，全球升温改善了区域草原植被生长的热量环境。草原FVC减小区域主要分布在青藏高原中部，可能与该地区人口增加导致的放牧强度增加和城镇化发展加速有关。

3. 温性干旱半干旱草原

欧亚大陆温性干旱半干旱草原分布相对集中，主要分布在北纬30°至北纬50°的中亚、蒙古高原、里海沿岸和西亚（土耳其南部、伊朗北部和阿富汗北部），是欧亚大陆草原的主体。该区域草原植被生长受降水条件影响显著，从沿海到内陆年降水量逐渐减小，草原FVC也呈逐渐减小趋势，2020年平均FVC为0.31。2000—2014年区域内草原FVC整体变化较小，2015年之后，随着区域内降水量的增加，FVC明显增加，见图3.6（c）。草原FVC变化在不同区域表现出明显差异，中国北方草原中部（内蒙古自治区西部、陕西省、宁夏回族自治区和甘肃省）、蒙古中部和东部、天山山脉外沿、西亚和哈萨克斯坦东部FVC增加明显。草原FVC减小面积占区域草原总面积的25.56%（图3.7），主要分布在哈萨克斯坦西部和北部、蒙古西部及中国内蒙古锡林郭勒盟西北部与蒙古交界区域，主要与这些地区降水减少和农业活动等因素有关。

4. 温性湿润半湿润草原

欧亚大陆温性湿润半湿润草原分布广泛，主要集中分布在北纬50°至北纬60°的欧洲、北亚、土耳其、蒙古高原北部和中国北方农牧交错带。得益于较适宜的水热条件，该区域草原FVC较高，2020年平均FVC为0.75。2000—2020年区域内草原平均FVC增加趋势明显，见图3.6（d），变化范围为0.64~0.73，蒙古高原北部、中国大兴安岭东南部、中国北方农牧交错带中西部和土耳其等区域FVC增长率超过50%。中国大兴安岭西侧、俄罗斯中西伯利亚和西西伯利亚南部FVC略微减小，占区域草原面积的13.93%。

5. 暖热性干旱半干旱草原

欧亚大陆暖热性干旱半干旱草原主要分布在中亚南部、西亚南部、南亚的印度中部及巴基斯坦，受水分条件限制，该区域FVC较低，2020年平均FVC为0.33。2000—2020年该区域草原FVC整体波动较为稳定，见图3.6（e），但区域差异明显。2000年以来，区域内20.66%的草原FVC减小，主要分布在中亚的阿姆河流域和锡尔河流域。同时，79.34%的草原FVC增加（图3.7），FVC增长率大于50%的区域主要分布在巴基斯坦、阿富汗南部、土库曼斯坦中部、伊拉克北部和伊朗南部。

6. 暖热性湿润半湿润草原

欧亚大陆暖热性湿润半湿润草原主要分布在北纬30°以南的中国南部、印度东部和西部沿海、东南亚区域和喜马拉雅山麓外沿。该区域热量和水分条件充足，平均FVC在欧亚大陆草原类型中最高，2020年平均FVC为0.83。2000—2020年暖热性湿润半湿润草原平均FVC整体呈上升趋势，见图3.6（f），变化范围为0.74~0.83。相比于2000—2004年，2016—2020年区域内约有90%的草原FVC增加（图3.7），但约70%的草原FVC增长率小于20%。

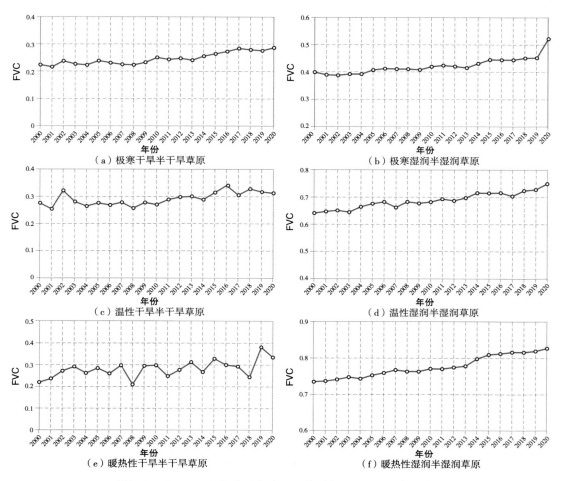

图3.6　2000—2020年欧亚大陆不同草原类型平均FVC年际变化

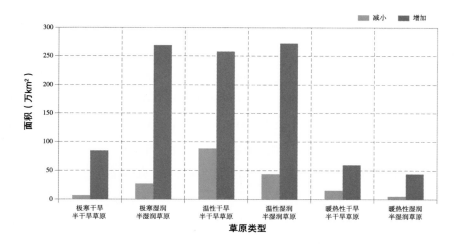

图3.7　2000—2020年欧亚大陆不同草原类型FVC变化面积

3.3 欧亚大陆草原总初级生产力变化态势

21世纪以来，在全球温度升高和植被生长季延长等因素作用下，欧亚大陆87.72%的草原GPP增加，区域草原固碳能力和可食饲草量显著提高。欧亚大陆草原GPP呈增加趋势面积为1 037.68万km²，呈减小趋势面积为145.32万km²。蒙古东部的克鲁伦河流域及西部的阿尔泰山脉和杭爱山脉、中国内蒙古自治区西部、青藏高原西部、哈萨克斯坦东北部、土耳其、阿富汗和巴基斯坦等区域GPP明显增加（变化率≥50%）（图3.8），而位于中亚的哈萨克斯坦西部和北部及咸海流域等区域GPP呈减小趋势。与FVC相似，欧亚大陆大部分草原GPP变异系数相对较小，GPP变化相对稳定（图3.9），但在中亚中部、蒙古高原中部和青藏高原西北部等地区仍有小面积草原GPP呈现较大波动。

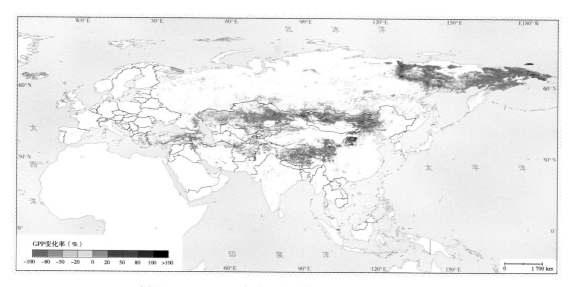

图3.8　2000—2020年欧亚大陆草原GPP变化率空间分布

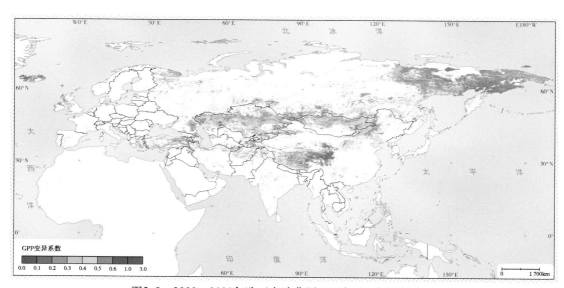

图3.9　2000—2020年欧亚大陆草原GPP变异系数空间分布

1. 极寒干旱半干旱草原

受温度和降水条件限制，极寒干旱半干旱草原是整个欧亚大陆生产力最低的草原类型。2020年极寒干旱半干旱草原平均GPP为225.75 g C•m^{-2}•a^{-1}。2000—2020年该区域GPP整体呈现上升趋势，见图3.10（a），上升速率为3.34 g C•m^{-2}•a^{-1}，相对于2000年，2020年上升了35.58%。区域25.02%的草原GPP大幅增长，主要分布在青藏高原北部和帕米尔高原。同时，区域7.68%的草原GPP减小（图3.11），主要分布在天山山脉北部。

2. 极寒湿润半湿润草原

受温度条件限制，极寒湿润半湿润草原生产力相对较低，2020年平均GPP仅为252.84 g C•m^{-2}•a^{-1}。2000—2020年极寒湿润半湿润草原GPP整体变化较小，见图3.10（b），但呈上升趋势，上升速率为3.39 g C•m^{-2}•a^{-1}，相对于2000年，2020年上升了56.71%。空间上，区域内95.63%的草原GPP增加（图3.11），19.56%的草原GPP大幅增加，主要分布在蒙古中西部、西藏自治区的阿里地区南部、日喀则市、昌都市和那曲市东北部。

3. 温性干旱半干旱草原

受降水条件影响，欧亚大陆温性干旱半干旱草原GPP空间分布有明显地带性特征，GPP随纬度升高逐渐增加，且从沿海到内陆逐渐减小，2020年平均GPP为388.54 g C•m^{-2}•a^{-1}。2000—2020年该区域GPP上升幅度为45.15%，见图3.10（c），蒙古西部和克鲁伦河流域、中国北方草原中部（内蒙古自治区西部、陕西省、宁夏回族自治区和甘肃省）、天山山脉外沿、西亚和哈萨克斯坦东部草原GPP大幅增加，占区域草原总面积的22.24%。另外，区域内19.65%的GPP减小（图3.11），主要分布于哈萨克斯坦西部和咸海两河流域。

4. 温性湿润半湿润草原

欧亚大陆温性湿润半湿润草原状况较好，除俄罗斯北部和蒙古戈壁荒漠外沿外，均有较高的草原生产力，2020年平均GPP为793.34 g C•m^{-2}•a^{-1}。2000—2014年该区域GPP上升速率较快，见图3.10（d），为8.52 g C•m^{-2}•a^{-1}；2015—2020年呈波动稳定趋势。2000年以来，区域内86.58%的草原GPP增加（图3.11），蒙古高原北部、中国大兴安岭东南部、中国北方农牧交错带中西部和土耳其西部部分区域GPP增长率达50%以上。

5. 暖热性干旱半干旱草原

2020年暖热性干旱半干旱草原平均GPP为448.19 g C•m^{-2}•a^{-1}。2000—2020年该区域GPP呈上升趋势，见图3.10（e），增长速率为5.89 g C•m^{-2}•a^{-1}。区域内87.01%的草原GPP增加（图3.11），16.34%的草原GPP增加幅度在50%以上，主要位于巴基斯坦、印度西北部、阿富汗南部、伊拉克北部和伊朗南部。该区域草原GPP减小面积占区域草原总面积的12.99%，主要位于哈萨克斯坦南部、乌兹别克斯坦东部和阿富汗西北部。

6. 暖热性湿润半湿润草原

欧亚大陆暖热性湿润半湿润草原区域内水分充足，较适宜的水热条件使其有欧亚大陆最高的草原生产力，2020年该区域平均GPP为1780.59 g C•m^{-2}•a^{-1}。2000—2020年GPP整体上升趋势明显，见图3.10（f），增长速率为14.21 g C•m^{-2}•a^{-1}。区域内94.63%的草原GPP增加

（图3.11），其中中国南方草原GPP增长率高于其他区域。

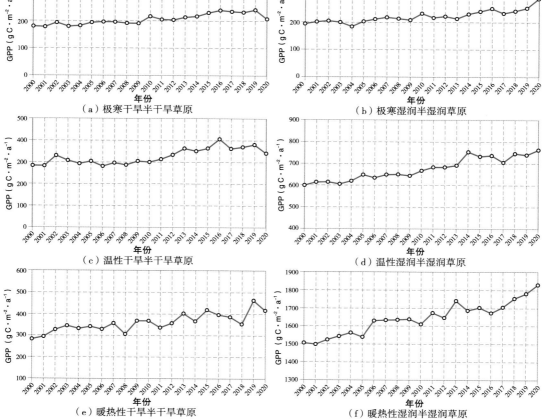

图3.10　2000—2020年欧亚大陆不同草原类型平均GPP年际变化

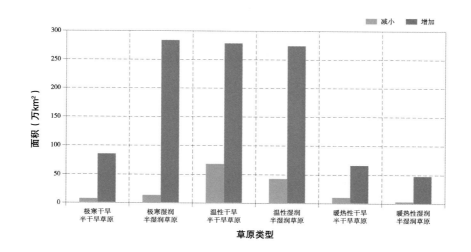

图3.11　2000—2020年欧亚大陆不同草原类型GPP变化面积

四、欧亚大陆主要放牧草原利用状况及变化

概 要

2000—2020年，欧亚大陆主要放牧草原（以斯太普草原为主）理论载畜量整体呈逐步上升趋势，其中2000—2010年整体上较为平稳，2010—2020年整体上呈较快上升趋势，2010—2020年平均理论载畜量相对2000—2010年增加15.93%，相当于增加了2.3亿羊单位所需饲草。从空间变化来看，欧亚大陆主要放牧草原71.94%的区域理论载畜量增加，未变化区域占23.92%，这种现象主要与草原植被总初级生产力（GPP）整体上升有关。

从草原利用状况来看，欧亚大陆主要放牧草原地上现存生物量整体呈上升趋势，2010—2020年草原平均地上现存生物量相对于2000—2010年增加4.56%，其中呈上升趋势的区域占48.56%，呈下降趋势的区域占14.39%。2000—2020年欧亚大陆主要放牧草原利用强度指数整体呈增加趋势，其中2010—2020年增幅较大，平均利用强度指数相对2000—2010年增加13.23%，其中69.67%的草原利用强度指数呈增加趋势，未变化区域占25.53%。

4.1 欧亚大陆主要放牧草原理论载畜量变化态势

随着社会经济发展，目前欧亚大陆人口已超过50亿，人口的迅速增长、膳食结构的改变使人类社会对畜产品需求不断增长。草畜平衡是草原管理的核心问题，即草原生产的饲草供给量与家畜需求量的平衡关系。欧亚大陆集中的天然放牧草原主要分布在以斯太普草原为核心的区域。本书基于草原植被生产力遥感数据产品，结合牧草合理利用率、家畜采食量等数据，计算获得不同年份欧亚大陆主要放牧草原理论载畜量。2000—2020年，欧亚大陆主要放牧草原理论载畜量整体呈上升趋势，其中2000—2010年整体上较为平稳，2010—2020年整体上呈较快上升趋势，2010—2020年平均理论载畜量相对2000—2010年增加15.93%（图4.1），相当于增加了2.3亿羊单位所需饲草。从空间变化来看（图4.2），欧亚大陆主要放牧草原理论载畜量以增加为主，占草原总面积的71.94%，主要分布在蒙古高原北部和东部、青藏高原东南部及哈萨克斯坦东北部等区域，这种现象与草原植被GPP整体呈上升趋势有关；未变化区域占23.92%，主要分布在青藏高原西北部、蒙古南部，以及哈萨克斯坦中西部；减少区域占比相对较小。

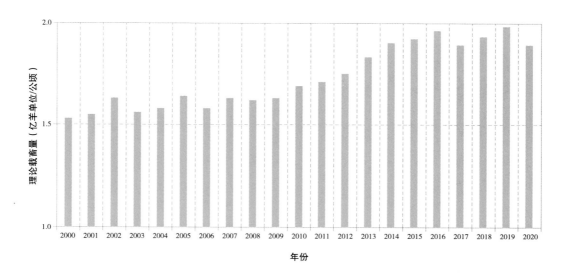

图4.1　2000—2020年欧亚大陆主要放牧草原平均理论载畜量年际变化

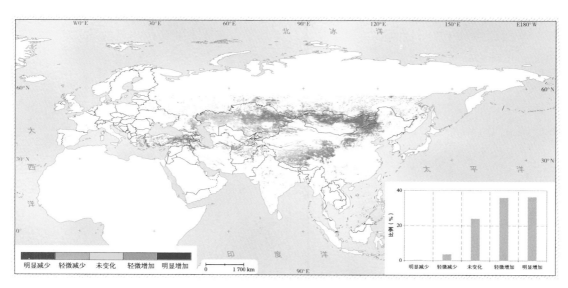

图4.2　2000—2020年欧亚大陆主要放牧草原理论载畜量变化空间分布

　　从不同草原类型理论载畜量变化来看（表4.1），2000—2020年，欧亚大陆各草原类型理论载畜量呈增加趋势比例相对较大，48.17%的极寒干旱半干旱草原理论载畜量呈增加趋势，其他草原类型呈增加趋势的面积比例均在60%以上，其中77.94%的温性湿润半湿润草原呈明显增加趋势。理论载畜量未变化比例最高的为极寒干旱半干旱草原，占比为50.66%；暖热性干旱半干旱草原次之，为35.63%；其他草原类型未变化比例相对较少。

表4.1　欧亚大陆主要放牧草原不同草原类型理论载畜量变化面积比例

单位：%

草原类型	明显减少	轻微减少	未变化	轻微增加	明显增加
极寒干旱半干旱草原	0.02	1.15	50.66	42.24	5.93
极寒湿润半湿润草原	0.08	0.78	11.39	61.15	26.60
温性干旱半干旱草原	0.30	5.79	27.42	39.43	27.06
温性湿润半湿润草原	0.87	2.15	3.28	15.76	77.94
暖热性干旱半干旱草原	0.26	3.57	35.63	38.75	21.79
暖热性湿润半湿润草原	4.16	4.22	4.07	12.53	75.02

4.2　欧亚大陆主要放牧草原利用强度变化态势

　　牲畜统计数据可以在一定程度上反映草原利用强度。联合国粮农组织（FAO）统计数据表明，欧亚大陆牲畜数量整体呈增加趋势（图4.3），其中亚洲牲畜数量呈波动上升趋势，欧洲自1991年之后牲畜数量逐渐降低。2019年，欧亚大陆牲畜总量为20.67亿头，其中大、小牲畜数量分别为8.21亿头和12.46亿只；亚洲牲畜总量明显高于欧洲，其中大、小牲畜数量分别为欧洲的5.79倍和7.66倍。从畜产品产量来看（图4.3），2019年欧亚大陆牛肉和羊肉产量分别为2 955.73万吨和1 088.14万吨，牛肉和羊肉产量在亚洲呈递增趋势，欧洲自1991年之后呈递减趋势。

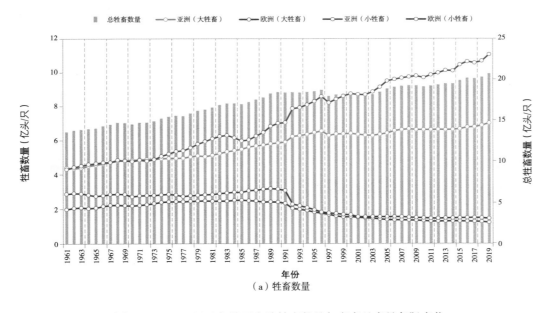

图4.3　1961—2019年欧亚大陆牲畜数量与畜产品产量年际变化

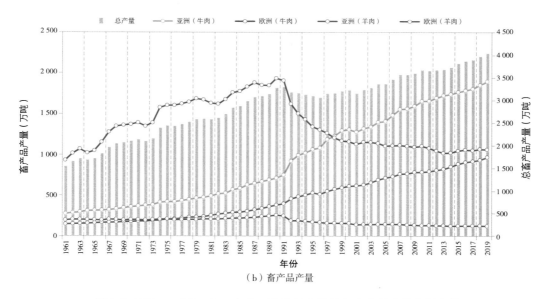

图4.3（续） 1961—2019年欧亚大陆牲畜数量与畜产品产量年际变化

4.2.1 欧亚大陆主要放牧草原地上现存生物量及其变化

草原地上现存生物量反映了草原植被净初级生产力（net primary production，NPP）与草原植被利用之间的平衡关系。本书利用遥感地表反射率数据生产不同年份欧亚大陆草原地上现存生物量数据产品。结果表明，21世纪以来，欧亚大陆主要放牧草原地上现存生物量整体呈现波动上升趋势（图4.4），2010—2020年相对于2000—2010年增加4.56%。从空间变化来看（图4.5），草原地上现存生物量呈上升趋势区域占48.56%，主要分布在中国内蒙古自治区中西部、青藏高原东部、蒙古北部及哈萨克斯坦东部等地区；呈下降趋势区域占14.39%，主要分布在哈萨克斯坦西部，以及中亚和中国交界地带等区域；未变化区域占37.05%，主要分布在青藏高原中南部和中亚中部等区域。

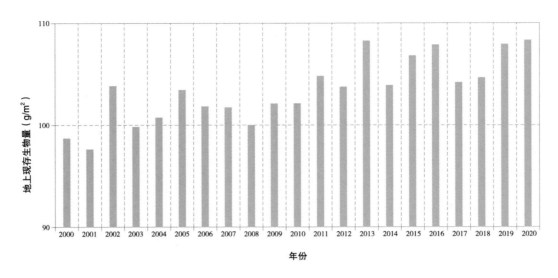

图4.4　2000—2020年欧亚大陆主要放牧草原平均地上现存生物量年际变化

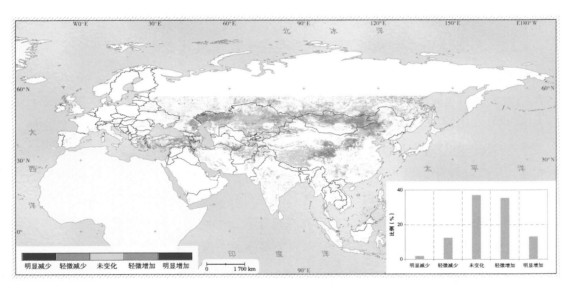

图4.5　2000—2020年欧亚大陆主要放牧草原地上现存生物量变化空间分布

　　从不同草原类型地上现存生物量变化来看（表4.2），2000—2020年不同草原类型呈增加趋势面积比例差异相对较大，其中极寒干旱半干旱草原和温性干旱半干旱草原地上现存生物量呈增加趋势面积占比相对较小，分别为27.86%和36.53%，其他草原类型呈增加趋势比例均在45%以上，其中55.90%的暖热性湿润半湿润草原呈明显增加趋势。45%以上的极寒干旱半干旱草原、极寒湿润半湿润草原和温性干旱半干旱草原地上现存生物量未变化，其中极寒干旱半干旱草原占比最大，为67.15%。此外，温性干旱半干旱草原、暖热性湿润半湿润草原和温性湿润半湿润草原等类型地上现存生物量存在一定范围的减少，占比分别为18.09%、17.43%和15.66%。

表4.2　欧亚大陆主要放牧草原不同草原类型地上现存生物量变化面积比例

单位：%

草原类型	明显减少	轻微减少	未变化	轻微增加	明显增加
极寒干旱半干旱草原	1.26	3.73	67.15	24.70	3.16
极寒湿润半湿润草原	1.31	7.00	45.80	32.62	13.27
温性干旱半干旱草原	0.90	17.19	45.38	34.09	2.44
温性湿润半湿润草原	3.16	12.50	16.92	41.92	25.50
暖热性干旱半干旱草原	1.28	8.79	26.18	46.63	17.12
暖热性湿润半湿润草原	8.44	8.99	7.58	19.09	55.90

4.2.2　欧亚大陆主要放牧草原利用强度指数及其变化

综合利用草原植被生产力和地上现存生物量遥感数据产品，计算草原利用强度指数，用于反映草原植被整体利用状况，数值越高代表利用强度越高（数值范围为0～1）。从21世纪初（2000—2004年）欧亚大陆主要放牧草原平均利用强度指数来看，利用强度指数较高区域主要分布在蒙古高原东部北部、青藏高原东南部以及中亚北部等区域；利用强度指数较低区域主要分布在蒙古高原中部、青藏高原西北部以及中亚中南部等区域（图4.6）。

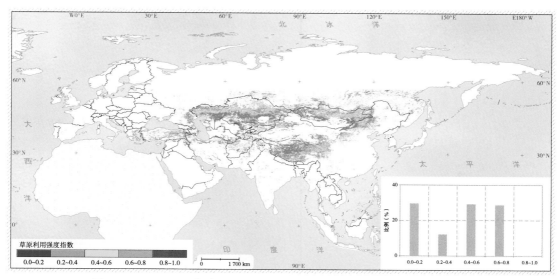

图4.6　2000—2004年欧亚大陆主要放牧草原平均利用强度指数空间分布

从草原利用强度指数年际变化来看，2000—2020年欧亚大陆主要放牧草原利用强度指数整体呈增加趋势，2000—2010年为增幅较小阶段，2010—2020年为增幅较大阶段，2010—2020年平均利用强度指数相对2000—2010年增加13.23%（图4.7）。联合国粮农组织（FAO）统计数据也表明，欧亚大陆牲畜总数呈增加趋势，整体变化趋势与草原利用强度指数变化相似（图4.8）。

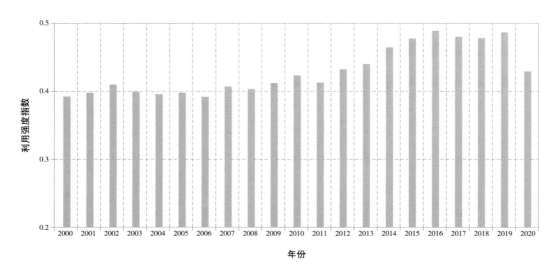

图4.7 2000—2020年欧亚大陆主要放牧草原利用强度指数年际变化

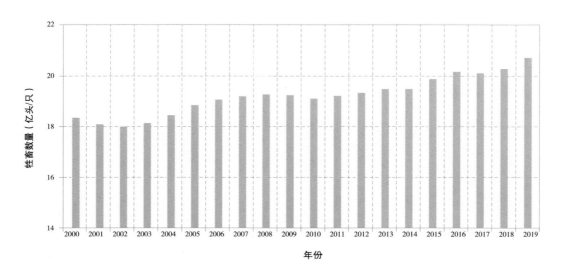

图4.8 2000—2019年欧亚大陆牲畜数量年际变化

　　从草原利用强度指数变化空间分布来看（图4.9），欧亚大陆主要放牧草原69.67%的区域利用强度指数呈增加趋势，主要分布在蒙古高原中东部和北部、青藏高原中南部及哈萨克斯坦北部等区域。欧亚大陆主要放牧草原4.80%的区域利用强度指数呈下降趋势，但明显下降区域较小，主要集中在青藏高原东南部和哈萨克斯坦西南部等区域。欧亚大陆主要放牧草原利用强度指数未变化区域占25.53%，主要集中在青藏高原西北部、蒙古南部及哈萨克斯坦南部等区域。

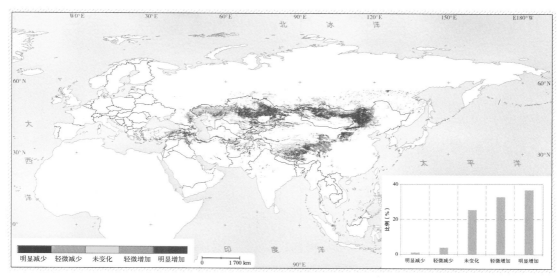

图4.9　2000—2020年欧亚大陆主要放牧草原利用强度指数变化空间分布

　　从不同草原类型利用强度指数变化来看（表4.3），2000—2020年，各草原类型呈增加趋势面积占比相对较大，极寒干旱半干旱草原和暖热性干旱半干旱草原占比分别为43.76%和49.18%，其他草原类型占比均高于50%，其中46.26%的温性干旱半干旱草原呈明显增加趋势。50%左右的极寒干旱半干旱草原和暖热性干旱半干旱草原利用强度指数未变化，其他草原类型占比在20%左右。暖热性湿润半湿润草原利用强度指数呈减少趋势的面积占比最大，为15.77%，其他草原类型占比相对较小。

表4.3　欧亚大陆主要放牧草原不同草原类型利用强度指数变化面积比例

单位：%

草原类型	明显减少	轻微减少	未变化	轻微增加	明显增加
极寒干旱半干旱草原	1.16	4.12	50.96	14.66	29.10
极寒湿润半湿润草原	2.51	6.35	25.57	22.49	43.08
温性干旱半干旱草原	0.63	2.57	21.09	29.45	46.26
温性湿润半湿润草原	0.50	3.80	17.33	57.23	21.14
暖热性干旱半干旱草原	1.25	5.10	44.47	20.47	28.71
暖热性湿润半湿润草原	1.82	13.95	24.66	44.62	14.95

五、欧亚大陆重点区域草原生态状况及变化

概 要

以蒙古高原、青藏高原、中亚和欧洲为重点区域，分析草原植被变化状况及其与气候变化和人类活动的关系。2000年以来，中国内蒙古自治区西部毛乌素沙地、青藏高原的青海湖流域和"三江源"地区、蒙古西部的乌布苏湖盆地及匈牙利霍尔托巴吉草原等地区的草原植被状况改善明显。中国在21世纪初通过"退牧还草""退化草原治理""鼠害防治""生态移民"等生态治理措施，草原退化和沙化得到控制，改善了区域的草原生态状况。同时，中国、蒙古和匈牙利等国通过设立自然保护区和国家公园等措施，对区域草原生态保护也起到了重要作用。中亚的里海北部、咸海及两河（阿姆河和锡尔河）流域等区域，草原植被状况呈变差趋势，主要是由气候变化、人口增加、农业活动、水资源利用和放牧强度增加等因素造成。

5.1 蒙古高原草原

5.1.1 草原类型与利用状况

蒙古高原草原是世界放牧草原的主要区域之一，饲养各类家畜约1.2亿头，维持了约1 000万低收入人口的生计。蒙古高原草原以温性干旱半干旱草原和温性湿润半湿润草原为主体，且有明显的地带性分布（图5.1）。温性干旱半干旱草原面积占蒙古高原草原总面积的53.24%，主要分布在大兴安岭以西的蒙古中部和南部，以及中国内蒙古自治区的中西部。温性湿润半湿润草原占36.26%，主要分布在大兴安岭以东、蒙古北部和俄罗斯南部。另外，极寒湿润半湿润草原主要分布在蒙古西部，以及蒙古高原东北部的高海拔地区，占蒙古高原草原总面积的9.59%。中国内蒙古自治区、蒙古和俄罗斯在气候变化、经济发展、城市化及生态工程（"退牧还草""生态移民"等）等方面的差异，造成蒙古高原草原植被在时空格局变化过程中表现出不同趋势。

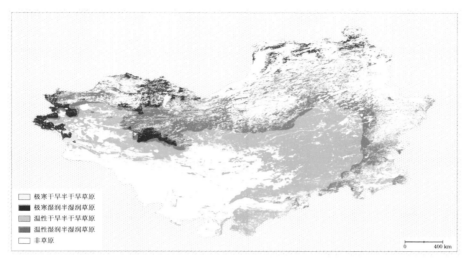

图5.1 蒙古高原草原类型空间分布

中国内蒙古自治区东北部、蒙古北部及俄罗斯南部草原理论载畜量相对较高，多在2.0羊单位/公顷以上；中国内蒙古自治区中西部及蒙古南部草原理论载畜量相对较低，大多在1.0羊单位/公顷以下（图5.2）。蒙古高原大部分草原利用强度指数为0.2~0.8，超过0.8的草原相对较少。草原利用强度指数较高的区域主要分布在中国内蒙古自治区东部、蒙古北部和东部，以及俄罗斯南部，利用强度指数多在0.4以上；利用强度指数较低的区域主要分布在中国内蒙古自治区中西部、蒙古中南部及俄罗斯部分地区，利用强度指数多在0.4以下（图5.3）。

图5.2 蒙古高原草原理论载畜量空间分布

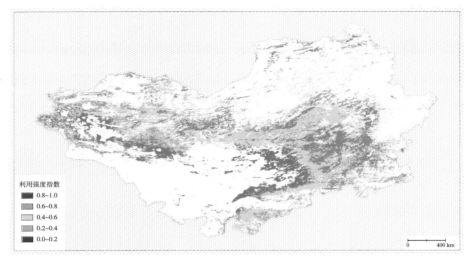

图5.3 蒙古高原草原利用强度指数空间分布

蒙古高原大牲畜数量整体上呈震荡上升趋势，1980—2019年上升幅度达55.96%。中国内蒙古自治区的大牲畜数量在1998年之前大于蒙古；而1998—2001年蒙古大牲畜数量反超中国内蒙古自治区；2001年之后蒙古大牲畜数量急剧下降，中国内蒙古自治区的大牲畜数量远超蒙古，2010年前后超过蒙古一倍；蒙古在2010年之后大牲畜数量急剧上升，并且在2017年超过中国内蒙古自治区。蒙古高原俄罗斯部分的大牲畜数量呈下降趋势。

蒙古高原小牲畜数量呈上升趋势，1980—2019年上升幅度达176.00%。中国内蒙古自治区小牲畜数量上升趋势相对缓慢。蒙古的小牲畜数量在2010年之后大幅增加，并在2019年超过中国内蒙古自治区。蒙古高原俄罗斯部分的小牲畜数量则呈下降趋势（图5.4）。

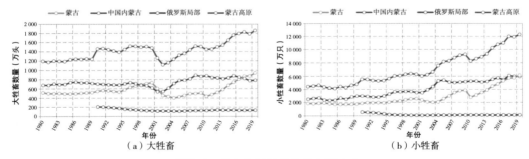

图5.4 蒙古高原牲畜数量年际变化

5.1.2 草原面积与生产力变化

蒙古高原草原面积在2000—2020年增加了7.57万km²，主要由林地、耕地和裸地转化而来。草原面积明显增长的区域分布在蒙古南戈壁省中南部及其与中国内蒙古自治区接壤的区域。除此之外，中国内蒙古自治区西部阿拉善地区和俄罗斯雅布洛诺夫山脉也出现零散分布的草原面积增加。

2000年以来，蒙古高原草原整体植被状况变好，总初级生产力（GPP）呈增加趋势的草原面积为173.12万km²，约占区域草原总面积的96%，但存在明显的空间差异（图5.5）。蒙古东部的克鲁伦河流域及西部的阿尔泰山脉和杭爱山脉、中国内蒙古自治区西部荒漠的草原状况改善明显。蒙古中部的中央省西南部、蒙古苏赫巴托尔省与中国内蒙古自治区锡林郭勒盟交界地带及大兴安岭西侧小面积区域草原GPP有所下降。

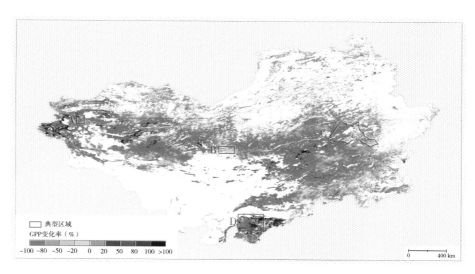

A——乌布苏湖盆地；B——戈壁沙漠北部；C——呼伦湖流域；D——毛乌素沙地

图5.5 2000—2020年蒙古高原草原GPP变化率空间分布

5.1.3 草原变化成因分析

2000年以来，蒙古高原气候呈暖干化趋势，大部分区域气温上升趋势明显，但在蒙古西北部的小面积地区呈下降趋势。蒙古高原降水趋势变化不明显，除东部降水量呈微弱增加趋势外，西部及北部地区降水呈微弱减少趋势。在蒙古高原干旱半干旱草原区域，热量相对充足，气候干燥，降水稀少，草原植被对降水变化响应明显，降水量是影响该区域内植物生长的主要气候因子。2000年以后，大兴安岭以西的呼伦贝尔草原及克鲁伦河流域降水有所增加，促进了该地区草原植被生长，植被状况明显向好。位于高海拔地区的阿尔泰山和杭爱山脉等高寒地区，虽然降水未明显增加，甚至呈现减少趋势，但区域气温变暖导致草原植被返青期提前，冰川冻土融水增多，对植被生长起到了促进作用，草原植被状况也在向好。

人类活动也是影响蒙古高原草原植被状况变化的因素之一。1998年以来，中国大力倡导和实施可持续发展战略，先后实施了"京津风沙源治理""退牧还草""围封保育""轮耕休耕"等一系列生态修复工程，使中国内蒙古自治区的草原植被状况得到明显改善，尤其在中国内蒙古自治区西部的荒漠区域，通过生态恢复工程，草原退化、沙化和荒漠化得到有效遏制，草原植被状况持续好转。蒙古从1996年开始，通过实施沙漠化治理国家计划、设立国家公园等措施，加强了对草原植被的保护，对蒙古高原的植被变化起到正向的推进作用。但在蒙古中央省南部和中国大兴安岭西部等部分区域，近20年来，当地人口数量急剧增加、社会经济快速发展及畜产品需求大幅增长，导致草原过度放牧，草原状况改善趋势不明显。

5.1.4 草原生态状况变化典型案例分析

1. 乌布苏湖盆地

位于蒙古西北部的乌布苏湖盆地是中亚最北部的封闭盆地（图5.5，A区域），由12个保护区组成，气候和水文等未受大规模干扰，拥有欧亚大陆东部的主要生物群系，2003年被世界教科文组织列入世界遗产名录。从气象资料分析发现（图5.6），2000—2020年该区域年降水量呈波动中缓慢减少趋势。2000年以来，由于人口增加，该区域草原面积稍有减少，小面积草原转变为建筑用地、耕地和林地。但草原GPP先下降后上升，总体上呈波动上升趋势。该地区通过设立自然保护区，减少了人类活动对生态系统的干扰，草原利用状态较稳定，维持了草原生态系统良好的发展态势（图5.7）。

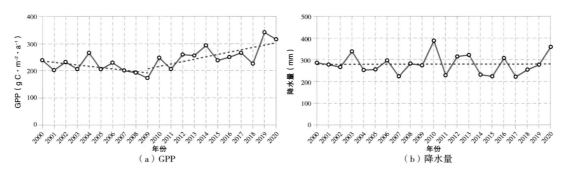

图5.6 2000—2020年乌布苏湖盆地草原平均GPP和降水量年际变化

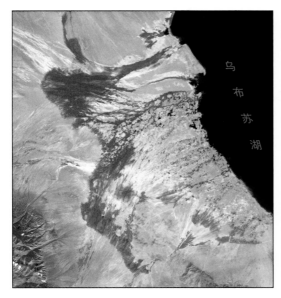 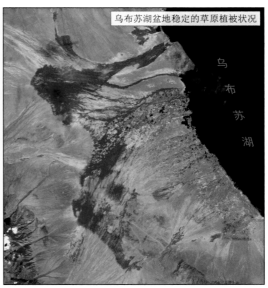

（a）Landsat 5假彩色遥感影像（2001年7月）　　　　（b）GF-1假彩色遥感影像（2019年8月）

图5.7　乌布苏湖盆地草原植被状况遥感影像对比

2. 戈壁沙漠北部

戈壁沙漠北部（蒙古中央省南部）（图5.5，B区域）气候相对干燥，年降水量为250 mm左右，属于干旱半干旱区。2000年以来，该地区草原面积稳定，未发生大面积草原转变为其他土地覆盖类型的情况。气象资料表明（图5.8），近20年来，该地区降水呈波动中略微增长趋势，但草原GPP表现出较大年际波动，增长趋势并不明显。该地区紧靠蒙古首都乌兰巴托，由于人口增长和城市扩张等因素影响（图5.9），畜产品需求增加，该地区2000年以来，尤其是2007年以来草原利用强度指数明显上升。同时，受全球大气环流和温室气体排放引起的全球变暖影响，近20年来，蒙古高原的热浪和干旱越来越频繁，导致土壤干燥和增温之间的恶性循环，在一定程度上对戈壁沙漠外沿等气候敏感地带造成负面影响，导致了该地区草原植被状况的较大波动。

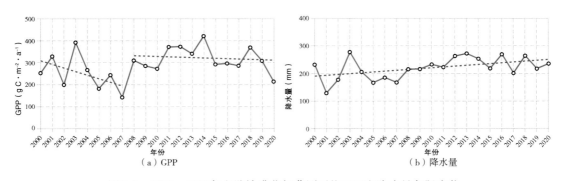

（a）GPP　　　　　　　　　　　　　　　　（b）降水量

图5.8　2000—2020年戈壁沙漠北部草原平均GPP和降水量年际变化

（a）Landsat 5 假彩色遥感影像（2001年9月）　　　　　（b）Landsat 8 假彩色遥感影像（2019年9月）

图5.9　蒙古首都乌兰巴托城市扩张遥感影像对比

3. 呼伦湖流域

呼伦湖流域（图5.5，C区域）地处中国内蒙古自治区呼伦贝尔草原腹地，位于大兴安岭和蒙古高原的过渡地带。由于该地区远离海洋，草原植被状况受降水条件影响较大。气象资料显示（图5.10），2000—2013年呼伦湖流域降水增加明显，由264.31 mm增加至514.78 mm，其草原GPP也明显增加，平均GPP由2000年的377.18 g C•m^{-2}•a^{-1}增加至2014年的653.82 g C•m^{-2}•a^{-1}，增长幅度达73.34%。2015—2017年降水减少导致的区域性干旱，加上流域内人类活动的影响，导致呼伦湖流域湖泊消失（图5.11），草原GPP呈下降趋势。之后，随着降水回升至400 mm，草原植被状况也得到一定程度的改善。

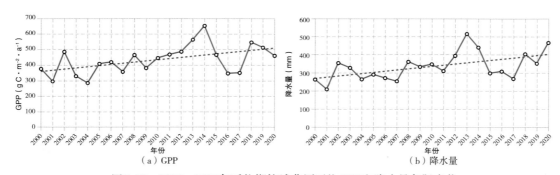

（a）GPP　　　　　　　　　　　　　　　　　（b）降水量

图5.10　2000—2020年呼伦湖流域草原平均GPP和降水量年际变化

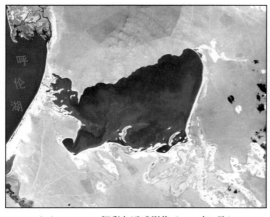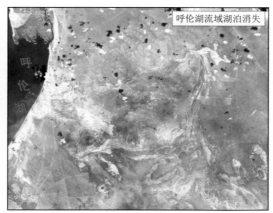

（a）Landsat 5 假彩色遥感影像（2001年8月）　　　　　（b）Landsat 8 假彩色遥感影像（2020年8月）

图5.11　呼伦湖流域水文状况遥感影像对比

4. 毛乌素沙地

长期以来，由于自然原因和超载放牧等人为因素的影响，中国内蒙古自治区西部草原退化、沙化较为严重。通过对气象资料分析显示，2000年以来，毛乌素沙地内蒙古自治区部分（图5.5，D区域）植被状况显著改善，超过90%草原面积的GPP呈连年上升趋势，平均GPP从139.35 g C•m^{-2}•a^{-1}增加至295.72 g C•m^{-2}•a^{-1}，增加幅度达112.21%（图5.12）。2000年以来，区域年降水量波动中略有增加，在一定程度上促进了草原植被生长。同时，2003年以来中国政府在该地区启动了"退牧还草"工程，执行"禁牧休牧"和"草畜平衡"政策，加上2013年开始实施的"京津风沙源治理"二期工程，该区域有大面积的沙地转变为草原。近20年来，该地区草原利用强度有一定上升，但良好的草原生态保护政策使该地区天然草原退化和沙化趋势得到有效缓解，草原植被生态环境有较大提升。总之，降水量增加和生态保护工程共同促进了该地区的草原植被状况改善（图5.13）。

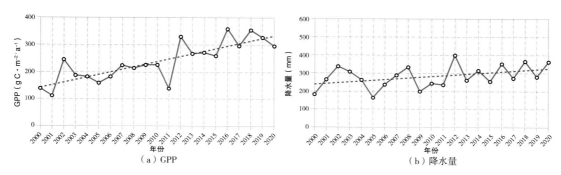

|（a）GPP| |（b）降水量|

图5.12　2000—2020年毛乌素沙地草原平均GPP和降水量年际变化

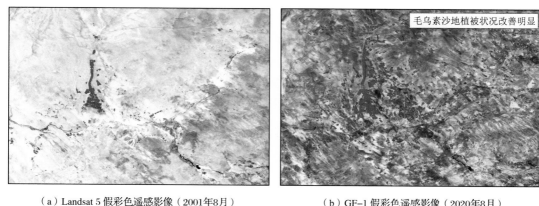

（a）Landsat 5 假彩色遥感影像（2001年8月）　　　　（b）GF-1 假彩色遥感影像（2020年8月）

图5.13　毛乌素沙地植被状况遥感影像对比

5.2　青藏高原草原

5.2.1　草原类型与利用状况

青藏高原是世界上海拔最高、形成年代最晚的高原，也是一个具有全球意义的重要生态功能区。本部分以青藏高原中国境内部分为例，详述草原生态状况变化，包括青海省和西藏自治区全部，以及甘肃省、新疆维吾尔自治区、四川省及云南省的部分区域，约占中国草原总面积的1/3，是中国重要的牧区之一。青藏高原草原以极寒干旱半干旱草原和极寒湿润半湿润草原为主体。极寒干旱半干旱草原主要分布在青藏高原北部，占青藏高原草原总面积的40.40%。极寒湿润半湿润草原主要分布在青藏高原南部，占青藏高原草原总面积的57.04%。此外，柴达木盆地南侧、青海湖东侧和高原东南部边缘地区还分布有小面积的温性干旱半干旱草原、温性湿润半湿润草原及暖热性湿润半湿润草原（图5.14）。

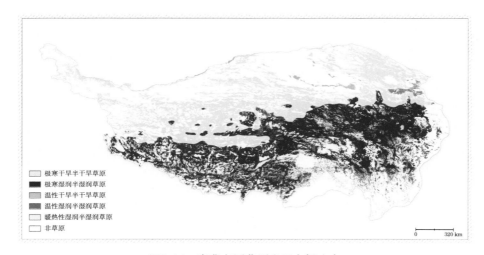

图5.14 青藏高原草原类型空间分布

青藏高原草原理论载畜量较高区域主要分布在青海省东南部、西藏自治区东部及四川省西北部，一般在2.0羊单位/公顷以上；较低区域主要分布在青海省及西藏自治区的西北部，一般在0.5羊单位/公顷以下（图5.15）。青藏高原较大面积草原利用强度指数在0.2以下；超过0.6的区域面积相对较小，主要分布在青海省东部、西藏自治区东部及南部；利用强度指数小于0.4的区域主要分布在青藏高原西北部（图5.16）。

1980—2019年，青藏高原大牲畜数量整体上虽有波动，但变化不大，相比于1980年，2019年上升幅度为10.23%。青藏高原小牲畜数量呈现逐渐减少的趋势，相比于1980年，2019年降低幅度为31.83%，其中青海省、西藏自治区的小牲畜数量降低幅度分别为17.73%和44.28%（图5.17）。

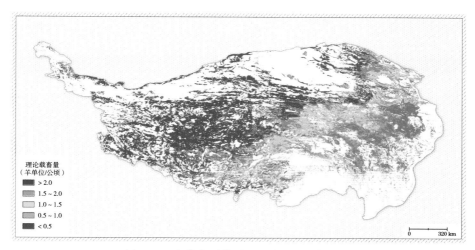

图5.15 青藏高原草原理论载畜量空间分布

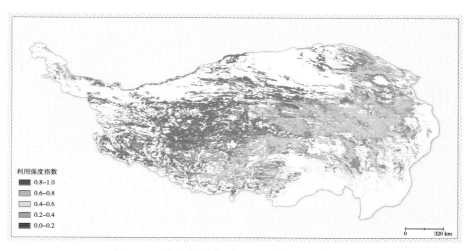

图5.16 青藏高原草原利用强度指数空间分布

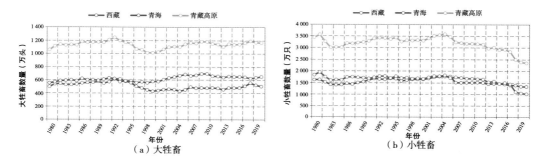

图5.17 青藏高原牲畜数量年际变化

5.2.2 草原面积与生产力变化

草原生态系统是青藏高原分布最广泛的生态系统，草原面积占区域总面积的50.90%。2020年青藏高原草原面积相比2000年减少了11.64万km²，减少区域主要分布在念青唐古拉山脉、藏南谷地的东南部地区，以及横断山区的康巴地区，主要转变为裸地（55.90%），小部分转变为林地（14.50%）和冰川（11.60%）；而在昆仑山脉的西北部草原面积增加明显。

2000年以来，青藏高原96.82%的草原GPP呈现增加趋势（图5.18）。相比于21世纪初，青藏高原中部和西部的高海拔地区草原植被状况普遍改善，同时在青藏高原东北部的青海湖流域和"三江源"东部等区域草原植被状况也明显向好。但在海拔较高、生态更为脆弱的藏北高原和"三江源"中部的部分地区，以及海拔相对较低、气候环境相对较好的高原东南部，草原GPP增长相对缓慢。

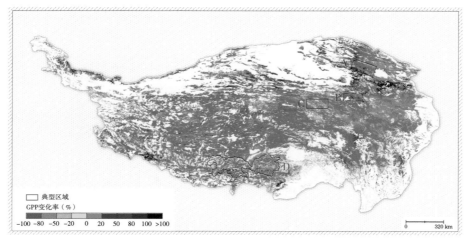

A——青海湖流域西部；B——"三江源"东部；C——"三江源"中部；D——"一江两河"地区

图5.18 2000—2020年青藏高原草原GPP变化率空间分布

5.2.3 草原变化成因分析

2000年以来，青藏高原暖湿化趋势明显。青藏高原大部分地区以增温趋势为主，高原西北部以及南部的那曲、昌都和拉萨等地增温最为显著。同时也有少部分地区出现气温降低的趋势，主要位于高原南部的藏南地区、高原东部的四川省西北部和青海省东部地区。青藏高原年降水量呈增加趋势的区域主要分布在西藏自治区西部、新疆维吾尔自治区南部、甘肃省、青海省及四川省西北部一带，而在西藏自治区东部、云南省及四川省一带降水表现出略微减少的趋势。

暖湿化的气候趋势是21世纪以来青藏高原草原植被生产力增加的主要原因之一，气候变暖会使得高海拔地区植被生长状况改善，提高植被生产力。但在西藏自治区西部和南部地区，尤其在高寒草原和荒漠草原区域，气候出现了暖干化的趋势，导致可利用的土壤水分难以满足植被的生长需求，这些地区有小面积的草原植被状况变差。

21世纪以来，中国政府先后在青藏高原开展了"退牧还草工程""三江源自然保护区生态保护和建设工程""西藏生态安全屏障保护与建设工程"等生态工程，青藏高原地区放牧压力整体有所下降，促进了草原植被恢复与生长。截至2014年，中国在青藏高原建成的各类保护区达到155个，约占高原面积的32.35%，形成了空间布局较为合理、保护类型较为齐全的高原自然保护区体系。在生态保护及气候变化的背景下，青藏高原环境变化的重要特征是生态系统健康状况"总体趋好、局部恶化"，如在"三江源"地区和"一江两河"南部，草原植被状况明显向好。同时，尽管青藏高原放牧压力整体下降，但局部放牧压力较大地区仍然存在，如"三江源"中部高寒草甸黑土滩区和高原东南部低海拔区。

5.2.4 草原生态状况变化典型案例分析

1. 青海湖流域西部

青海湖流域位于青藏高原东北部。20世纪末期，在人类活动增加以及全球变化的影响下，青海湖流域出现一定程度上的草原植被退化等生态环境问题。监测结果表明，2000年以来，青海湖流域西部（图5.18，A区域）草原植被状况明显向好，GPP呈现逐年波动上升趋势，到2020年增长幅度达56.10%。气象数据（图5.19）显示，该流域降水在2000—2016年变化并不明显。2003年中国政府实施的"退牧还草工程"，以及2008年启动的"青海湖流域生态环境保护与综合治理项目"等工程或项目，通过退化草原治理、毒杂草防治及草原虫鼠害防治等措施，使得草原植被状况明显改善。这是青海湖流域草原植被状况改善的重要原因。同时，青海湖流域未发现明显的土地覆盖类型变化，说明在青海湖流域推行的生态保护政策得到积极落实（图5.20）。

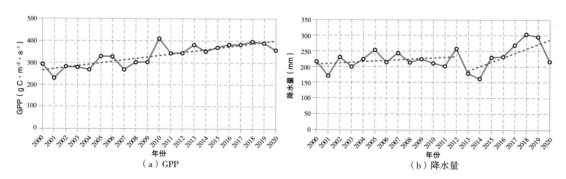

（a）GPP　　　　　　　　　　　　　　　（b）降水量

图5.19　2000—2020年青海湖流域西部草原平均GPP和降水量年际变化

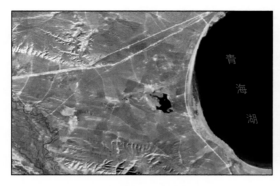 

（a）Landsat 5 假彩色遥感影像（2000年9月）　　　　　　（b）GF-1 假彩色遥感影像（2020年10月）

图5.20　青海湖流域西部水文条件遥感影像对比

2."三江源"区

"三江源"地处中国青海省南部，是长江、黄河和澜沧江三大河流的发源地，具有重要的水源涵养功能。20世纪80年代，在气候变化、鼠虫害及过度放牧等自然和人为因素的共同作用下，"三江源"地区草原出现了退化现象。2003年起，青海省为保护"三江源"地区生态环境开始实施大规模的"退牧还草"工程。2005年，中国启动了"三江源自然保护区生态保护和建设"工程，先后建立了自然保护区和国家公园，实施了"退牧还草""黑土滩治理""鼠害防治""生态移民"等项目。"三江源"区草原GPP从2003年开始整体上由前期的下降趋势转为上升趋势。

由于"三江源"区在地形、气候、社会经济发展等方面的差异，草原植被状况变化也存在空间差异。2003年以来，东部的高寒草原GPP增加趋势明显（图5.18，B区域），平均GPP由140.89 g C•m^{-2}•a^{-1}增加至2020年的221.43 g C•m^{-2}•a^{-1}，增加幅度达57.17%（图5.21）。一方面，由于该区域气温升高、降水增加，气候出现了暖湿化的特征，水热条件向着有利于草原植被生长的方向发展（图5.22），特别是生长期降水的大幅度增加对草原恢复十分有利。另一方面，通过实施草原生态保护补助奖励机制，草畜矛盾也得到有效缓解，2005—2015年"三江源"东部出现从森林、低覆盖度草原向高覆盖度草原、中覆盖度草原转移的现象，特别是2005年以来，在"三江源"生态保护与建设工程的大力推进下，东部如玛多县土地利用结构逐渐趋于优化，高寒生态系统稳定性逐步提高，蕴含的巨大生态系统服务价值不断彰显。

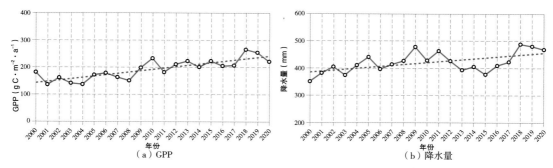

图5.21　2000—2020年"三江源"东部草原平均GPP和降水量年际变化

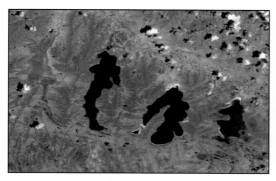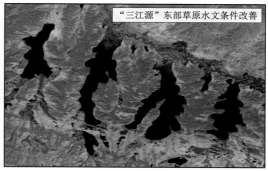

（a）Landsat 5 假彩色遥感影像（2000年8月）　　　（b）Landsat 8 假彩色遥感影像（2020年8月）

图5.22　"三江源"东部草原植被状况遥感影像对比

　　"三江源"中部高寒草甸区（图5.18，C区域）海拔较高，生态环境状态本身较差，长期以来在放牧、鼠害以及气候变暖的影响下，出现了草原退化成"黑土滩"的现象。监测结果显示，2000年以来，该区域草原GPP增长缓慢，平均GPP由269.76 g C·m^{-2}·a^{-1}增加至2020年的288.23 g C·m^{-2}·a^{-1}，增加幅度仅6.85%（图5.23）。2005年国务院批准《青海三江源自然保护区生态保护和建设总体规划》，在第一期和第二期工程中，"黑土滩"是生态治理的重点目标。同时，国家生态补偿工程在"三江源"区的一个重要目标就是要逆转"黑土滩"的扩张趋势。经过十几年针对"黑土滩"问题的治理，结合草原灭鼠、禁牧减畜、草种补播等手段，"黑土滩"草原退化得到有效遏制。但由于当地气候、地形等自然条件的限制，"黑土滩"草原的完全修复仍面临较大挑战（图5.24）。

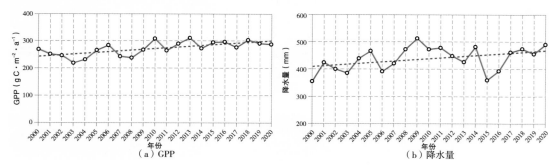

图5.23　2000—2020年"三江源"中部草原平均GPP和降水量年际变化

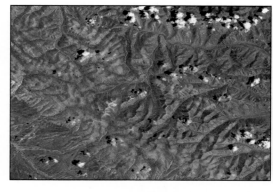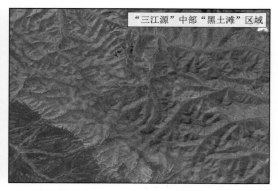

（a）Landsat 5 假彩色遥感影像（2000年9月）　　　（b）Landsat 8 假彩色遥感影像（2020年9月）

图5.24　"三江源"中部"黑土滩"遥感影像对比（灰色区域）

3. 西藏自治区"一江两河"地区

西藏自治区"一江两河"地区（图5.18，D区域）指雅鲁藏布江中游及其支流年楚河和拉萨河的河谷地区，是西藏自治区土地利用程度最高的区域，也是西藏自治区重要的粮油生产基地和生态屏障保护区，被誉为"西藏粮仓"。该区域耕地面积占西藏自治区耕地总面积的60%以上，人口占西藏自治区总人口的30%以上。近20年来，"一江两河"地区草原面积减少，农业活动强度较大。2000年以来，"一江两河"地区气温明显升高，降水量呈波动下降趋势，暖干化趋势明显，GPP呈缓慢下降趋势，平均GPP由214.32 g C•m^{-2}•a^{-1}下降至2020年的198.86 g C•m^{-2}•a^{-1}（图5.25）。2010年以后，中国政府针对20世纪90年代以来雅鲁藏布江流域植被覆盖低和土地退化等现状，制定了全方位的生态保护规划，在流域源头建立国家生态功能保护区，在人口密度大、工农业集中区域实施植树种草、防沙治沙的措施，在流域下游的雅鲁藏布江大峡谷成立国家级自然保护区。近10年来，该地区GPP上升趋势明显，2020年平均GPP上升至290.38 g C•m^{-2}•a^{-1}，相比于2000年，增加幅度为35.49%（图5.25、图5.26）。

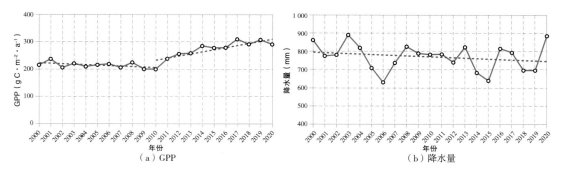

图5.25 2000—2020年"一江两河"地区草原平均GPP和降水量年际变化

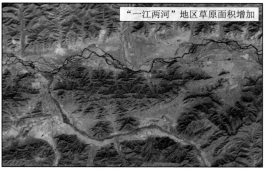

（a）Landsat 5 假彩色遥感影像（1999年8月） （b）Landsat 8 假彩色遥感影像（2020年9月）

图5.26 "一江两河"地区草原植被状况遥感影像对比

5.3 中亚草原

5.3.1 草原类型与利用状况

中亚地处欧亚大陆腹地，拥有丰富的草原资源。本节中亚草原主要分析哈萨克斯坦、吉尔吉斯斯坦、乌兹别克斯坦、塔吉克斯坦、土库曼斯坦5个国家。该区域整体地势东南高、西北低，地形条件复杂多样。由于受到东南方高山阻隔，印度洋和太平洋的暖湿气流难以到达该区域，气候上雨水稀少，日光充足，蒸发量大，温度变化剧烈。中亚草原以温性干旱半干旱草原为主体，占中亚草原总面积的81.81%，主要分布在哈萨克斯坦境内。暖热性干旱半干旱草原主要分布在南部沙漠地带，占中亚草原总面积的10.07%。此外，在中亚东南部的天山山脉和帕米尔高原分布有小面积的极寒干旱半干旱草原，占中亚草原总面积的5.34%（图5.27）。

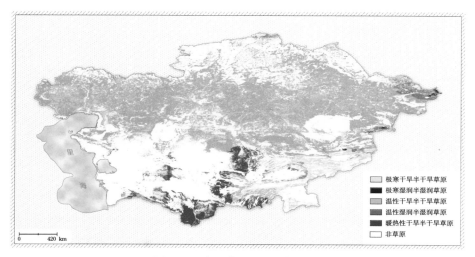

图5.27　中亚草原类型空间分布

中亚草原理论载畜量较高区域主要分布在哈萨克斯坦东部和北部，以及吉尔吉斯斯坦部分区域，一般在2.0羊单位/公顷以上；较低区域主要分布在哈萨克斯坦南部、乌兹别克斯坦中部及土库曼斯坦东南部，一般在0.5羊单位/公顷以下（图5.28）。中亚草原利用强度指数小于0.8分布的区域相对较多，超过0.8的区域极少。草原利用强度指数较高区域主要分布在哈萨克斯坦北部及东部，利用强度指数为0.6~0.8的分布区域较大；利用强度指数较低区域主要分布在哈萨克斯坦南部、乌兹别克斯坦中部及土库曼斯坦东南部，利用强度指数0.4以下分布的区域较大（图5.29）。

图5.28　中亚草原理论载畜量空间分布

图5.29　中亚草原利用强度指数空间分布

中亚五国大、小牲畜数量以1998年为转折点，整体上呈"V"形趋势。相对于1998年，2019年中亚大牲畜数量增加幅度为110.54%，以哈萨克斯坦和乌兹别克斯坦为主；2019年中亚小牲畜数量增加幅度为121.61%，以哈萨克斯坦、乌兹别克斯坦及土库曼斯坦为主（图5.30）。

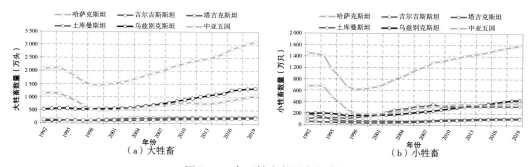

图5.30　中亚牲畜数量年际变化

5.3.2　草原面积与生产力变化

中亚草原主要分布在哈萨克斯坦、吉尔吉斯斯坦和塔吉克斯坦境内，草原面积分别占本国面积的60.43%、43.92%和35.53%。2000—2020年，中亚草原面积相对稳定，小幅度增长1.94万km²，主要分布在天山山脉北部的哈萨克斯坦与中国交界处。

中亚草原GPP整体较低，主要由于大部分区域年降水量低于200 mm，且蒸散强烈，加之农业开垦和放牧的影响，草原植被覆盖度（FVC）和生产力相对较低。2000年以来，中亚草原植被状况变化空间差异明显，草原GPP增加区域面积达173.79万km²，下降区域面积为26.07万km²。草原GPP下降区域主要分布在里海北岸、哈萨克斯坦北部平原、锡尔河流域、咸海周边和乌兹别克斯坦东南部人口聚集地带。草原GPP明显增加的区域主要分布在哈萨克斯坦东部地区、克孜勒库姆沙漠外沿和土库曼斯坦东南部（图5.31）。

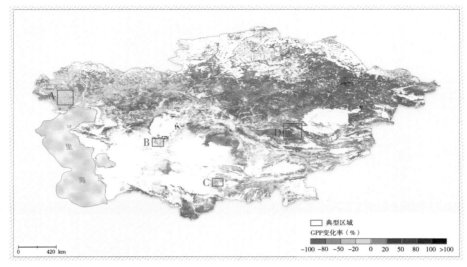

A——里海北部；B——咸海南部；C——泽拉夫尚河三角洲；D——巴尔喀什湖西南部

图5.31　2000—2020年中亚草原GPP变化率空间分布

5.3.3　草原变化原因分析

2000年以来，中亚气候变化差异明显，除哈萨克丘陵北部气温明显下降外，其他区域气温均呈稳定或升高趋势，温度升高较快区域主要位于哈萨克斯坦东部的天山山脉北侧和里海沿岸低地。降水明显减少的区域主要位于哈萨克斯坦西部的西哈萨克斯坦州、阿特劳州和阿克托别州，其他区域降水呈增加趋势，哈萨克丘陵东南部降水增加最明显。在哈萨克斯坦中部及东北部地区，降水呈增加趋势，加上气温升高导致天山北侧和阿尔泰山西侧的冰川融雪增加，使得这一地区的水资源供给充足，植被出现明显改善。而在哈萨克斯坦西部，盐碱地广泛分布，该区域气候干旱和地貌复杂，随着这一地区的气温升高、潜在蒸散增加和年降水减少，短期、中长期和季节干旱的加剧导致了草原植被状况恶化。

咸海流域自20世纪60年代以来持续进行大规模的农业开发，并大量修建用于农业灌溉的水利工程，咸海面积也出现了急剧萎缩。20世纪90年代初苏联解体后，中亚各国在水资源调配的问题上产生了矛盾和冲突，咸海流域内水利设施的修建与维护受到了影响，咸海的萎缩速率有所减缓。为保护咸海，近年来中亚各国不断制定和完善跨界水资源管理的相关政策，包括《中亚五国水协定》《咸海地区2003—2010年环境和社会经济改善行动计划》《保护北咸海计划》等，咸海的面积在近年来趋于稳定甚至出现了小幅度的回升，草原植被状况恶化情况有所缓解。但前期土地开垦和咸海萎缩引起的土壤盐渍化和退化等问题仍然较为严重，对咸海南部、阿姆河和锡尔河河道两岸的草原植被生长产生了影响。同时，为加快经济发展和城市化进程，在人口聚集区域进行的一些人类活动也加剧了草原生态状况的恶化。

5.3.4 草原生态状况变化典型案例分析

1. 里海北部

里海北部（图5.31，A区域）属于伏尔加河和乌拉尔河流域，气候相对干燥。2000年以来，区域年降水显著减少，由364.86 mm减少至2020年的268.07 mm，下降幅度为26.53%。草原GPP也呈连年下降趋势，2016年是降水丰年，但该年草原GPP改善并不显著（图5.32），说明该区域草原植被除受水分条件影响外，还受到人类活动及其他因素的影响。伏尔加河流域和乌拉尔河流域有较大的农业种植区域，降水量减少，蒸发量大，加上农业用水增加，进入里海的水源不断减少，导致里海水位不断下降，同时引起了严重土壤盐碱化问题，造成草原植被状况的恶化（图5.33）。

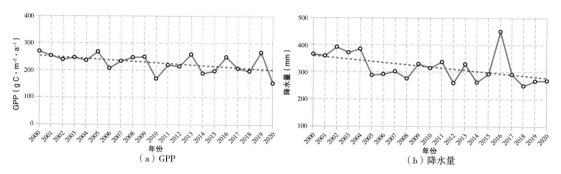

（a）GPP　　　　　　　　　　（b）降水量

图5.32　2000—2020年里海北部草原平均GPP和降水量年际变化

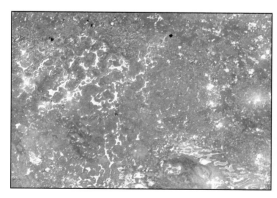
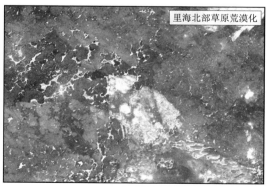

（a）Landsat 5假彩色遥感影像（2001年8月）　　　（b）Landsat 8假彩色遥感影像（2020年8月）

图5.33　里海北部草原生态状况遥感影像对比

2. 咸海南部

咸海位于乌兹别克斯坦与哈萨克斯坦两国交界处，曾是中亚第一大咸水湖、世界第四大内陆湖泊，属典型的大陆性气候。1960年以来，阿姆河和锡尔河流域大力发展灌溉农业，"两河"沿岸地区大量引水用于农业灌溉和工业生产，加之气候干旱的影响，阿姆河和锡尔河的入湖流量减少，共同导致了咸海的萎缩。同时，干涸湖底沉积的盐分随风沙飘散沉积到周边，导致了土壤盐碱化和荒漠化问题。通过分析气象资料显示，咸海南部（图5.31，B区域）降水量年际波动较大，2000—2008年先增加后减小，2008年以后，该地区降水条件有较大改善，并在2016年增加到最高的458.23 mm（图5.34）。该区域草原GPP呈现先减少后缓慢上升，但整体呈减小趋势。2009年以后，草原GPP虽然从前期的逐年减少开始有所增加，但恢复速率缓慢，仍低于21世纪初水平，这与该地区相对较差的植被生长环境和人口聚集导致的农业开垦等生产活动加剧有关（图5.35）。

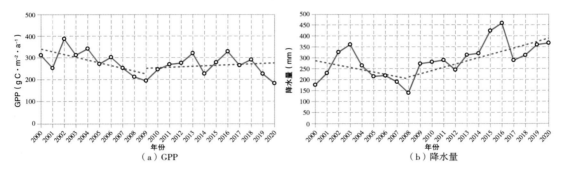

图5.34　2000—2020年咸海南部草原平均GPP和降水量年际变化

（a）Landsat 5假彩色遥感影像（2001年8月）　　　　（b）GF-1假彩色遥感影像（2018年8月）

图5.35　咸海南部土壤盐渍化和荒漠化遥感影像对比

3. 泽拉夫尚河三角洲

泽拉夫尚河三角洲（图5.31，C区域）位于乌兹别克斯坦东南部，阿姆河和泽拉夫尚河交汇处，同时也是卡拉库姆沙漠和帕米尔高原的连接地带，气候干燥，年降水量在250 mm左右，草原植被生长受气候条件影响显著。2000年以来，该地区降水呈先减少后稳定态势，其中2000年和2008年降水量仅有150~160 mm。该地区草原生产力较低，且生态环境脆弱，2000年以来草原GPP呈现较大年际波动（图5.36）。该地区周边分布有布哈拉、撒马尔罕等人口较集中的城市，干旱的气候加上农业灌溉和工业开发导致的水资源紧张使得该地区草原植被状况不稳定（图5.37）。

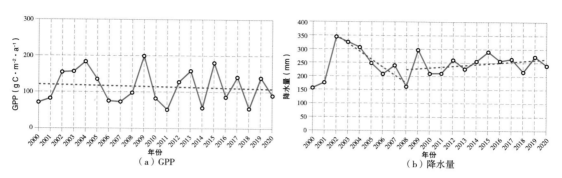

（a）GPP

（b）降水量

图5.36　2000—2020年泽拉夫尚河三角洲草原平均GPP和降水量年际变化

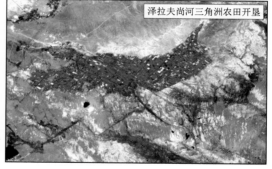

（a）Landsat 5假彩色遥感影像（1990年9月）　　　　（b）GF-1假彩色遥感影像（2020年8月）

图5.37　泽拉夫尚河三角洲草原区农田开垦遥感影像对比

4. 巴尔喀什湖西南部

巴尔喀什湖西南部（图5.31，D区域）西侧为莫因库姆沙漠，南侧为天山山脉。由于较少受到人类活动干扰，2000年以来，该地区草原植被状况较稳定，2000—2002年降水增加导致草原GPP上升（图5.38），此后虽然降水呈先减少后增加趋势，但GPP一直呈稳定上升趋势。尤其2016年，该区域降水的大幅增加引起草原GPP的大幅升高。由于该地区处于天山山脉北侧，在全球变暖的趋势下，天山山脉冰川融雪为该地区提供了丰富水源，周边开发了大片灌溉绿洲，同时也为草原植被的稳定生长提供了较好的条件（图5.39）。

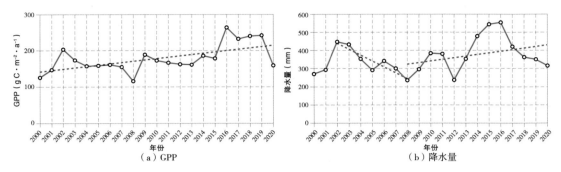

（a）GPP （b）降水量

图5.38　2000—2020年巴尔喀什湖西南部草原平均GPP和降水量年际变化

（a）Landsat 5 假彩色遥感影像（1998年9月）　　（b）GF-1 假彩色遥感影像（2020年7月）

图5.39　巴尔喀什湖西南部水文条件遥感影像对比

5.4　欧洲草原

5.4.1　草原类型与利用状况

欧洲草原广泛分布于欧洲各个地区，占欧洲农业生产用地的1/3以上，主要集中在东欧平原、伊比利亚半岛、阿尔卑斯山脉、斯堪的纳维亚半岛西部、大不列颠岛、冰岛及伏尔加河流域。温性湿润半湿润草原是欧洲草原的主体，占区域草原总面积的68.48%。同时，在高纬度地区分布有小面积的极寒湿润半湿润草原，占区域草原总面积的8.78%。在里海周边分布有温性干旱半干旱草原，占区域草原总面积的19.42%（图5.40）。

图5.40 欧洲草原类型空间分布

欧洲草原理论载畜量较高区域主要在欧洲东部呈零星分布，一般在2.0羊单位/公顷以上；较低区域主要分布在乌拉尔河和伏尔加河下游及冰岛地区，一般在1.0羊单位/公顷以下（图5.41）。欧洲草原利用强度指数以0.6~0.8为主，超过0.8的分布区域极少。草原利用强度指数较高区域主要分布在乌拉尔河和伏尔加河下游地区，利用强度指数0.6以上分布区域较大；其他区域利用强度较低，呈零散分布，利用强度指数以小于0.4为主（图5.42）。

图5.41 欧洲草原理论载畜量空间分布

图5.42　欧洲草原利用强度指数空间分布

　　欧洲大、小牲畜数量均逐渐降低，截至2019年，相比于1992年降低幅度分别为40.52%、36.84%。法国、德国、俄罗斯、西班牙和英国的大、小牲畜数量相对较多，大、小牲畜数量分别占整个欧洲的54.59%、59.07%。法国、德国和俄罗斯的大牲畜数量逐渐在减少，法国、德国的小牲畜数量也逐渐在减少，但俄罗斯的小牲畜数量在2000年之后逐渐上升（图5.43）。

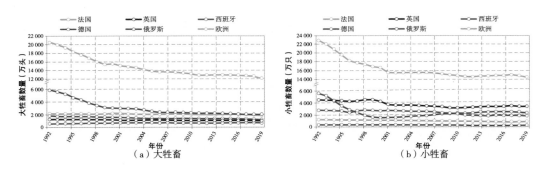

图5.43　欧洲牲畜数量年际变化

5.4.2　草原面积与生产力变化

　　2020年，欧洲草原面积相比2000年增加了10.73万km²，增加较为明显的区域主要为冰岛、苏格兰西部和北部、伊比利亚半岛中部地区、比利牛斯山脉两侧及阿尔卑斯山脉中段等地区，主要来源为林地（42.92%）和耕地（25.85%）。同时，在东欧平原北部有小面积的草原面积减少。

　　2000年以来，欧洲草原GPP增加区域的面积为75.95万km²，下降区域的面积为21.26万km²（图5.44）。欧洲草原GPP明显增加区域主要分布在里海西岸的高加索山脉区域，而伏尔加河流域下游和东欧平原南部草原GPP呈轻微减小态势。

A——英格兰北部及苏格兰南部；B——因河流域；C——匈牙利霍尔托巴吉草原；D——伏尔加河下游

图5.44　2000—2020年欧洲草原GPP变化率空间分布

5.4.3　草原变化原因分析

　　欧洲地区温度随着纬度变化由南向北逐渐降低，降水自西向东逐渐减少。降水较丰沛的区域主要位于爱尔兰、冰岛、英国西部和挪威等地区。2000年以来，欧洲大部分区域气候呈现变暖变干趋势。在降水充沛的西欧国家和地区，主要以人工草地为主，良好的草原管理措施保证了草原植被状况较为稳定，同时降水减少降低了洪涝灾害对草原植被的危害。晴天天数和日照条件的改善，有利于草原植被光合作用、物质积累和生长。但对于降水稀少的东欧平原南部和里海西部地区，降水的进一步减少，加上农田开垦等人类活动，导致了该地区草原植被状况的恶化。

5.4.4　草原生态状况变化典型案例分析

1. 英格兰北部及苏格兰南部

　　英格兰北部及苏格兰南部地区（图5.44，A区域）作为英国草原畜牧业主产区之一，具有悠久的草原畜牧业历史，分布着数量众多的家庭牧场，主要以中小型牧场为主。该区域地形主要为丘陵，同时分布着众多较小的河流湖泊，年降水量约为1 100 mm，气候条件适宜草原畜牧业发展。2000年以来，该地区草原面积基本稳定，但也存在部分人工草地以及与粮食作物轮作的草原被废弃，转变为半人工草地或者灌木地的现象（图5.45），这可能是因为欧洲其他国家价格低廉的畜产品进入英国市场，挤压英国本地畜产品市场，使部分家庭牧场缩减规模，加强集约化管理，转变为小而精的生产模式，走向高端畜产品市场。良好的水热条件及集约化的管理方式维持了草原植被稳定的生长态势，2000年以来，草原GPP呈波动稳定态势，平均GPP在800 g C•m^{-2}•a^{-1}左右波动（图5.46）。

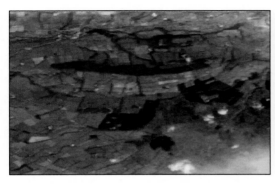 

（a）Landsat 5 假彩色遥感影像（1999年9月）　　　　（b）Landsat 8 假彩色遥感影像（2020年10月）

图5.45　苏格兰南部草原植被状况遥感影像对比

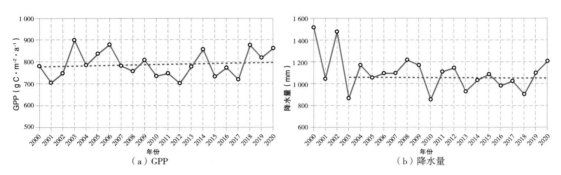

（a）GPP　　　　　　　　　　　　　　　（b）降水量

图5.46　2000—2020年英格兰北部及苏格兰南部草原平均GPP和降水量年际变化

2.因河流域

因河起源于瑞士，沿阿尔卑斯山脉东麓流经瑞士、奥地利和德国巴伐利亚地区，最终汇入多瑙河。由于阿尔卑斯山脉的山地气候特征，因河流域（图5.44，B区域）冬凉夏暖，湿度较大，年均气温约为5℃，年均降水量为990~1 200 mm。2000—2020年，该区域草原面积基本保持稳定，减少的草原主要转变为林地和裸地（图5.47），同时也有一部分林地和裸地转变为了草原。土地覆盖类型的变化可能是因为该区域是世界著名的滑雪胜地，一部分林地被开垦出来用于建造滑雪雪道，而这些雪道在夏季时为天然草原。气象资料表明，2010年后，该区域气温呈现明显增加，降水则呈现减少趋势。与之相对应的是，2010年以来，该流域草原GPP增加趋势明显（图5.48），可能原因是该地区低温多雨，阴雨天数的减少以及光照时长的增加，能有效促进草原植被光合作用。这种现象在2003年、2015年和2018年尤为明显，这三年降水明显减少而GPP显著增加。

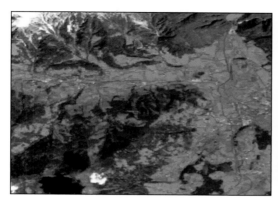 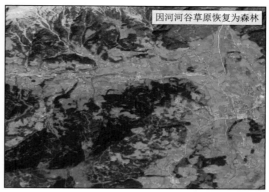

（a）Landsat 5 假彩色遥感影像（2000年8月）　　　　　（b）Landsat 8 假彩色遥感影像（2020年8月）

图5.47　因河河谷草原植被状况遥感影像对比

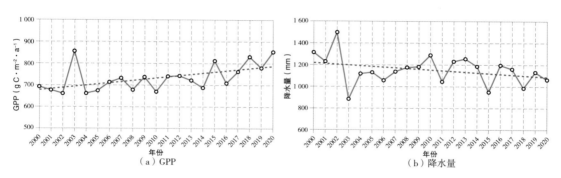

（a）GPP　　　　　　　　　　　　　　　　（b）降水量

图5.48　2000—2020年因河流域草原平均GPP和降水量年际变化

3. 匈牙利霍尔托巴吉草原

霍尔托巴吉草原（图5.44，C区域）位于匈牙利东部，在欧亚大陆斯太普草原的最西端，也是欧洲最大的连续原生草原。该地区有着辽阔的天然草原、草甸和湿地，保持了传统的放牧方式，同时也是各种动植物的栖息地。由于多样的生态环境和丰富的濒危动植物，霍尔托巴吉国家公园被列入世界遗产名录，同时也加入了欧盟Natura 2000保护区计划，该地区草原生态环境得到了良好的保护。该地区为大陆性气候，生长季干热且短暂，2000—2020年年均气温呈现增加趋势，降水呈现波动减少趋势，尤其在2011年和2012年，该地区发生了严重的干旱，GPP出现了明显的下降。受欧盟共同市场（common market）的影响，该地区中小型牧场增加，牧场结构发生着改变（图5.49）。近20年来，该地区草原利用强度指数持续升高，但由于良好的草原保护措施，草原面积并没有明显减少，同时GPP也呈波动增加趋势，平均GPP由931.64 g C•m^{-2}•a^{-1}增加至1 436.08 g C•m^{-2}•a^{-1}，增长幅度为54.15%（图5.50）。

（a）Landsat 5 假彩色遥感影像（2000年9月）　　　　　　（b）Landsat 8 假彩色遥感影像（2020年9月）

图5.49　匈牙利霍尔托巴吉草原植被状况遥感影像对比

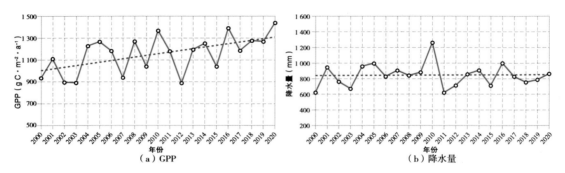

（a）GPP　　　　　　　　　　　　　　　　　　（b）降水量

图5.50　2000—2020年匈牙利霍尔托巴吉草原平均GPP和降水量年际变化

4.伏尔加河下游

伏尔加河下游（图5.44，D区域）位于里海西部，草原类型为温性干旱半干旱草原。该地区属大陆性气候，受海洋影响较小，气候干旱，蒸发量大，年均气温为10~12℃，降水量为450~500 mm。近20年来，区域内草原面积基本保持稳定，有部分草原转换成耕地（14.17%），同时也有部分水体和湿地转换为草原（13.79%）。2000—2020年，在降水减少、气温升高、农田开垦及土壤盐碱化的影响下，区域草原GPP明显下降，但是在2015年之后，由于降水增多以及部分人为修复措施，草原GPP呈增加趋势，植被状况呈转好趋势（图5.51、图5.52）。

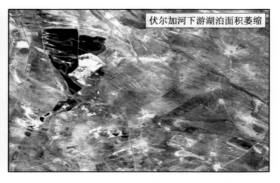

（a）Landsat 5 假彩色遥感影像（2000年9月）　　　　　　（b）GF-6 假彩色遥感影像（2020年9月）

图5.51　伏尔加河下游土地盐碱化和湖泊缩减遥感影像对比

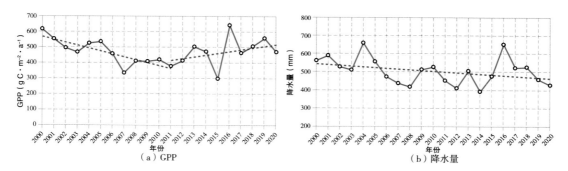

图5.52 2000—2020年伏尔加河下游草原平均GPP和降水量年际变化

六、结　论

1. 近20年欧亚大陆草原整体变好变绿

21世纪以来，欧亚大陆草原植被状况整体变好，85%以上草原总初级生产力（GPP）呈增长趋势，80%以上草原植被覆盖度（FVC）呈增加趋势。青藏高原和蒙古高原等大部分区域草原植被状况改善明显。从草原类型看，极寒干旱半干旱草原植被状况改善最明显，而温性干旱半干旱草原植被状况也整体变好，但年际波动和空间差异较大。

2. 近20年主要放牧草原理论载畜量和利用强度整体呈上升趋势

2000—2020年，欧亚大陆主要放牧草原理论载畜量整体呈上升趋势，2010—2020年相对2000—2010年增加15.93%，相当于增加了2.3亿羊单位所需饲草，71.94%的主要放牧草原理论载畜量增加；2010—2020年主要放牧草原地上现存生物量相对2000—2010年增加4.56%，草原利用强度指数增加13.23%，69.67%的主要放牧草原利用强度指数呈上升趋势。

3. 气候变化和人类活动共同影响草原生态状况，草原生态恢复任重而道远

气温升高、局部降水增多总体有利于欧亚大陆草原植被生长。同时，生态保护工程的实施及自然保护区和国家公园的设立，对区域草原生态状况恢复和稳定的作用逐渐凸显。由于历史生态负债过多，截至2015年，欧亚大陆草原63.07%的区域仍未恢复到20世纪80年代水平，局部过度放牧和管理不善等现象依然存在，仍需加强国家和地区间的协同观测和数据共享，推广成功的草原修复技术与经验。

附　录

附录A　主要指标

1. 总初级生产力（GPP）

总初级生产力是绿色植物单位时间、单位面积上通过光合作用将CO_2转化成的自身有机物的总量，代表了植被固定大气CO_2的能力，决定进入陆地生态系统的初始物质和能量。本书采用的GPP遥感产品来自欧洲航天局（ESA）生产的GDMP产品，该产品利用光能利用率模型，以气象数据、土地覆盖信息及植被光合遥感产品为驱动，综合考虑了CO_2施肥效应、温度和水分限制作用生产而成。数据产品空间分辨率为1 km，时间分辨率为10天，通过加和处理为年度GPP产品。

2. 植被覆盖度（FVC）

植被覆盖度是指植被在地面的垂直投影面积占统计区总面积的百分比，能定量反映地表植被的生长和分布状况，是衡量地表植被状况和防风固沙功能的直观指标。本书采用的FVC遥感产品来自欧洲航天局（ESA）生产的FVC产品，该产品采用神经网络模型，以可见光波段、近红外波段和短波红外波段的反射率数据，以及观测天顶角、太阳天顶角和相对方位角为输入，获取瞬时FVC估算值，然后进行时间平滑和间隙填充来确保数据的连续性和一致性，最后进行10天合成，生成最终的1 km空间分辨率的FVC产品，并通过计算产品最大值得出年度FVC产品。

3. 草原生物量

草原生物量是指某一时刻单位草原面积全部植物生长量，从分配上可分为地上生物量和地下生物量，地上生物量是能被家畜直接利用的部分，地下生物量主要指植物根系和根茎等地下的部分。草原地上现存生物量反映了草原植被净初级生产力与草原植被利用之间的平衡关系。

4. 草原载畜量

草原载畜量可分为合理载畜量和实际载畜量。合理载畜量是一定的草原面积，在某一利用时间内，在适度放牧（或割草）利用并维持草原可持续生产的条件下，满足家畜正常生长、繁殖和生产的需要，所能承载的最多家畜数量，合理载畜量又称理论载畜量。实际载畜量是一定面积的草原，在一定的利用时间段内，实际承养的家畜数量。本书中理论载畜量采用羊单位作为家畜的计算单位，羊单位定义为1只体重45 kg、日消耗1.8 kg标准干草的成年绵羊，或与此相当的其他家畜。

5. 草原利用强度指数

本书中草原利用强度指数指一定的草原面积，在一定的利用时间内，实际被利用掉的草原植被地上生物量与全年植被地上产量的比值。

附录B　主要方法

1. 欧亚大陆草原类型划分方法

参考气候—土地—植被综合顺序分类法，以热量（>0℃的积温）和湿润度（K值）为指标对欧亚大陆草原进行类型划分（表B.1、表B.2）。气象数据来源于美国国家航空航天局（National Aeronautics and Space Administration，NASA）全球土地数据同化系统（Global Land Data Assimilation System，GLDAS）数据集，基于月降水量数据集计算全年降水量，基于日3小时气温数据集计算全年大于0℃的积温。空间分辨率为0.25°。K值计算方法如下

$$K=\frac{r}{0.1 \times \sum \theta} \tag{B.1}$$

式中，r 为全年降水量，$\sum \theta$ 为全年大于0℃的积温。

根据热量级和湿润度级组合形成12个类别，为方便后续统计分析，将其合并为6个类别，分别为极寒干旱半干旱草原、极寒湿润半湿润草原、温性干旱半干旱草原、温性湿润半湿润草原、暖热性干旱半干旱草原和暖热性湿润半湿润草原。

表B.1　热量指标修正标准

原分类标准		改进标准	
热量级	>0℃的积温（℃）	热量级	>0℃的积温
寒冷	<1 300	极寒	<1 300℃及
寒温	1 300~2 300		北纬45°以南的高山地区（$\sum \theta$ <2 300℃）
微温	2 300~3 700	温性	1 300℃~5 300℃
暖温	3 700~5 300		
暖热	5 300~6 200	暖热性	>5 300℃及
亚热	6 200~8 000		北纬33°以南的北亚热带暖温区（$\sum \theta$：3 700~5 300℃）
炎热	>8 000		

表B.2　湿润度指标修正标准

原分类标准		改进标准（温性、暖温性区）		改进标准（青藏高原区）	
湿润度级	K值	湿润度级	K值	湿润度级	K值
极干	<0.3	干旱	<0.9	干旱	<0.9
干旱	0.3~0.9				
微干	0.9~1.2	半干旱	0.9~1.2	半干旱	0.9~3.0
微湿	1.2~1.5	半湿润	1.2~1.5		
湿润	1.5~2.0				
潮湿	>2.0	湿润	>1.5	半湿润	3.0~6.0
				湿润	>6.0

2. 欧亚大陆草原退化状况评价方法

参照中华人民共和国国家标准《天然草地退化、沙化、盐渍化的分级指标》（GB 19377—2003），将欧亚大陆草原退化状况划分为未退化、轻度退化、中度退化和重度退化4个等级。该标准将植被覆盖度（FVC）下降比例作为草原退化评价指标。相关研究表明，FVC和归一化植被指数（NDVI）之间存在极显著线性关系，可通过NDVI根据一定的转换关系提取FVC信息，但是在转换过程中具有不确定性。本书利用NDVI值作为评价指

标，并加入草原利用强度指数分析欧亚大陆草原退化状况。

考虑NDVI与植被状况的相关性及特殊性，将欧亚大陆草原全区分为NDVI低于0.2的区域和NDVI高于0.2的区域两种情况。在NDVI值低于0.2的区域，根据欧亚大陆草原利用强度指数划分退化等级；在NDVI值高于0.2的区域，以欧亚大陆草原1982—1991年NDVI最大值合成数据作为未退化草原"基准"，以1995—2005年和2005—2015年草原NDVI年最大值合成数据均值为代表，根据相对"基准"NDVI下降比例划分退化等级（表B.3）。

表B.3 退化等级划分标准

类型	划分标准	等级			
		未退化	轻度退化	中度退化	重度退化
NDVI值大于0.2的草原区域	NDVI下降比例（%）	$x<1$	$1 \leqslant x < 10$	$10 \leqslant x < 20$	$20 \leqslant x \leqslant 100$
NDVI值小于0.2的草原区域	利用强度指数	$0 \leqslant y < 0.1$	$0.1 \leqslant y < 0.3$	$0.3 \leqslant y < 0.5$	$0.5 \leqslant y \leqslant 1$

3. 欧亚大陆草原植被变化态势评价方法

本书基于草原FVC和GPP遥感数据产品，根据起始状态和结束状态的FVC和GPP值计算的变化率来逐像元评价和分析2000年以来欧亚大陆草原植被状况变化态势，如下所示

$$CR = 100 \times \frac{ES_{5-year} - IS_{5-year}}{IS_{5-year}}$$ （B.2）

式中，CR代表2000年以来FVC或GPP的变化率（%）；IS_{5-year}指2000—2004年5年间的年平均FVC或GPP值，代表起始状态；ES_{5-year}指2016—2020年5年间的年平均FVC或GPP值，代表结束状态。

4. 欧亚大陆草原利用状况评价方法

本书基于欧亚大陆草原植被生产力遥感数据产品，结合牧草合理利用率、家畜采食量等数据，计算草原可食饲草量、理论载畜量数据产品；利用遥感地表反射率数据生产草原地上现存生物量数据产品；综合利用草原植被生产力和地上现存生物量数据产品，计算草原利用强度指数数据产品，用于反映草原植被整体利用状况，数值越高代表利用强度越高（数值范围为0~1）。以此数据划分草原类型见表B.4。

（1）净初级生产力

$$NPP = GPP \times \text{"GPP—NPP转化系数"}$$ （B.3）

（2）地上净初级生产力（aboveground net primary production，ANPP）

$$ANPP = NPP \times \text{"ANPP—NPP分配系数"}$$ （B.4）

表B.4　不同草原类型"ANPP—NPP分配系数"

一级类型	二级类型	ANPP—NPP分配系数
极寒干旱半干旱草原	极寒干旱草原	0.3
	极寒半干旱草原	0.3
极寒湿润半湿润草原	极寒半湿润草原	0.4
	极寒湿润草原	0.4
温性干旱半干旱草原	温性干旱草原	0.4
	温性半干旱草原	0.4
温性湿润半湿润草原	温性半湿润草原	0.5
	温性湿润草原	0.5
暖热性干旱半干旱草原	暖热性干旱草原	0.5
	暖热性半干旱草原	0.5
暖热性湿润半湿润草原	暖热性半湿润草原	0.5
	暖热性湿润草原	0.5

（3）理论载畜量获取及变化态势评价分级标准（表B.5）

$$F=Y \times U \times H \tag{B.5}$$

$$A=\frac{F}{I \times D} \tag{B.6}$$

式中，F为单位面积草原可合理利用标准干草量，单位为kg；Y为单位面积草原可食牧草产量，单位为kg；U为草原合理利用率，单位为%；H为草原标准干草折算系数；A为草原理论载畜量，单位为羊单位/公顷；I为1羊单位日采食量，数值为1.8 kg；D为放牧天数，单位为天（d），本书采用全年放牧天数。

表B.5　不同草原类型合理利用率与标准干草折算系数

草原类型	合理利用率（%）	标准干草折算系数
极寒干旱草原	40	1.00
极寒半干旱草原	45	1.00
极寒半湿润草原	50	1.05
极寒湿润草原	55	1.05
温性干旱草原	45	0.90
温性半干旱草原	50	1.00
温性半湿润草原	55	1.00
温性湿润草原	60	1.00
暖热性干旱草原	50	0.80
暖热性半干旱草原	55	0.80
暖热性半湿润草原	60	0.85
暖热性湿润草原	65	0.85

参考欧亚大陆草原多年平均理论载畜量设置变化态势评价分级标准，20年变化幅度在–5%~5%为未变化，5%~25%和–25%~–5%为轻微变化，25%以上和–25%以下为明显变化，并折算成相应的年变化（表B.6）。

表B.6　理论载畜量变化态势评价分级标准

单位：羊单位/公顷

理论载畜量变化等级	理论载畜量年变化
明显减少	$x < -0.025$
轻微减少	$-0.025 \leqslant x < -0.005$
未变化	$-0.005 \leqslant x < 0.005$
轻微增加	$0.005 \leqslant x < 0.025$
明显增加	$0.025 \leqslant x$

（4）地上现存生物量数据获取。

收集整理2000—2020年欧亚大陆采集的近3 000个草原样地地上现存生物量数据，基于MODIS 8天合成反射率产品（MOD09A1）计算的归一化物候指数（normalized difference phenology index，NDPI），分别构建12个草原类型地上现存生物量的估算模型，进而反演欧亚大陆草原生长季地上现存生物量（表B.7）。参考欧亚大陆草原多年平均地上现存生物量设置变化态势评价分级标准，20年变化幅度在–5%~5%为未变化，5%~25%和–25%~–5%为轻微变化，25%以上和–25%以下为明显变化，并折算成相应的年变化（表B.8）。

表B.7　不同草原类型地上现存生物量估算模型

草原类型	模型
极寒干旱草原	$y = 21.57e^{3.89x}$
极寒半干旱草原	$y = 21.57e^{3.89x}$
极寒半湿润草原	$y = 21.79e^{3.60x}$
极寒湿润草原	$y = 21.99e^{3.98x}$
温性干旱草原	$y = 263.24x + 26.18$
温性半干旱草原	$y = 262.84x + 38.24$
温性半湿润草原	$y = 432.64x + 0.58$
温性湿润草原	$y = 62.85e^{2.35x}$
暖热性干旱草原	$y = 557.24x + 24.20$
暖热性半干旱草原	$y = 75.23e^{3.03x}$
暖热性半湿润草原	$y = 702.10x + 0.93$
暖热性湿润草原	$y = 87.90e^{2.35x}$

表B.8　地上现存生物量变化态势评价分级标准

地上现存生物量变化等级	地上现存生物量年变化（g/m²）
明显减少	$x < -1.25$
轻微减少	$-1.25 \leq x < -0.25$
未变化	$-0.25 \leq x < 0.25$
轻微增加	$0.25 \leq x < 1.25$
明显增加	$1.25 \leq x$

（5）利用强度指数数据获取

$$UII = \frac{ANPP - ASB}{ANPP} \qquad （B.7）$$

式中，ASB为草原地上现存生物量，单位为g/m²。

参考欧亚大陆草原多年平均利用强度指数设置变化态势评价分级标准，20年变化幅度在-5%~5%为未变化，5%~25%和-25%~-5%为轻微变化，25%以上和-25%以下为明显变化，并折算成相应的年变化（表B.9）。

表B.9　利用强度指数变化态势评价分级标准

利用强度指数变化等级	利用强度指数年变化
明显减少	$x < -0.005$
轻微减少	$-0.005 \leq x < -0.001$
未变化	$-0.001 \leq x < 0.001$
轻微增加	$0.001 \leq x < 0.005$
明显增加	$0.005 \leq x$

附录C　数据与产品

1. 遥感数据

（1）NDVI遥感数据产品：本书使用的NDVI数据来自美国国家航空航天局（NASA）戈达德航天中心的Global Inventory Modeling and Mapping Studies（GIMMS）数据集。该数据具有全球覆盖和重访周期短的特点，时间和空间上具有连续性，时间分辨率为15天，空间分辨率为1/12°，采用最大值合成法处理为逐年数据集。

（2）GPP遥感数据产品：本书使用的GPP遥感产品来自欧洲航天局（ESA）生产的GDMP产品，空间分辨率为1 km，时间分辨率为10天，通过加和处理为年度GPP产品。

（3）FVC遥感数据产品：本书使用的FVC遥感产品来自ESA生产的FVC产品，空间分辨率为1 km，时间分辨率为10天，采用最大值合成法处理为年度FVC产品。

（4）国产高分辨率遥感影像：本书中重点区域使用的部分遥感数据为GF-1/6卫星遥感影像。

2. 气象数据

（1）ERA5-Land全球再分析数据集：本书使用覆盖欧亚大陆2000—2020年的年度温度产品，空间分辨率为0.1°。

（2）GLDAS数据集：本书使用覆盖欧亚大陆2000—2020年的年度降水产品，空间分辨率为0.25°。

3. 土地覆盖数据

本书使用的草原分布数据来自中国生产的全球30 m地表覆盖数据（GlobeLand30）。

4. 数据集产品

本书包含的数据集产品可在国家综合地球观测数据共享平台免费下载（表C.1）。

表C.1　"欧亚大陆草原生态状况"主要数据集

序号	数据集名称	主要数据源	时段	时间分辨率（a）	空间分辨率（km）
1	欧亚大陆草原可食饲草量数据集	GEO-VEGETATION	2000—2020年	1	1
2	欧亚大陆草原理论载畜量数据集	GEO-VEGETATION	2000—2020年	1	1
3	欧亚大陆主要放牧草原地上现存生物量数据集	MODIS	2000—2020年	1	1
4	欧亚大陆主要放牧草原利用强度指数数据集	MODIS、GEO-VEGETATION	2000—2020年	1	1

参考文献

符义坤, 1983. 有效的欧洲草地农业[J]. 国外畜牧学（草原与牧草）(2): 10–14.

韩其飞, 罗格平, 白洁, 等, 2012. 基于多期数据集的中亚五国土地利用/覆盖变化分析[J]. 干旱区地理, 35(6): 909–918.

胡汝骥, 姜逢清, 王亚俊, 等, 2014. 中亚（五国）干旱生态地理环境特征[J]. 干旱区研究, 31(1):1–12.

胡自治, 高彩霞, 1995. 草原综合顺序分类法的新改进Ⅰ类的划分指标及其分类检索图[J]. 草业学报, 4(3): 1–7.

李威, 2004. 欧洲草地简介[J]. 青海畜牧兽医杂志, 34(6): 32–34.

刘世梁, 孙永秀, 赵海迪, 等, 2021. 基于多源数据的三江源区生态工程建设前后草地动态变化及驱动因素研究[J]. 生态学报, 41(10): 3865–3877.

龙瑞军, 2007. 青藏高原草地生态系统之服务功能[J]. 科技导报, 25(9): 26–28.

任继周, 胡自治, 牟新待, 等, 1980. 草原的综合顺序分类法及其草原发生学意义[J]. 中国草原 (1): 12–38.

邵全琴, 樊江文, 刘纪远, 等, 2016. 三江源生态保护和建设一期工程生态成效评估[J]. 地理学报, 71(1): 3–20.

魏巍, 2019. 气候变化背景下中亚地区植被与土地退化评价[D]. 北京：北京林业大学.

吴绍洪, 尹云鹤, 郑度, 等, 2005. 青藏高原近30年气候变化趋势[J]. 地理学报, 60(1): 3–11.

谢高地, 鲁春霞, 冷允法, 等, 2003. 青藏高原生态资产的价值评估[J]. 自然资源学报, 18(2): 189–195.

辛晓平, 张保辉, 陈宝瑞, 等, 2013. 我国草原的保护和利用: 现状与未来[J]. 草原与草业, 25(3): 7–11.

杨雪雯, 王宁练, 陈安安, 等, 2020. 中亚干旱区咸海面积变化与人类活动及气候变化的关联研究[J]. 冰川冻土, 42(2): 681–692.

杨元合, 朴世龙, 2006. 青藏高原草地植被覆盖变化及其与气候因子的关系[J]. 植物生态学报, 30(1): 1–8.

张明, 崔军, 曹学章, 2017. 青海湖流域草地退化时空分布特征[J]. 生态与农村环境学报, 33(5): 426–432.

张艳珍, 王钊齐, 杨悦, 等. 蒙古高原草地退化程度时空分布定量研究. 草业科学, 2018, 35(2): 233–234.

张镱锂, 李兰晖, 丁明军, 等, 2017. 新世纪以来青藏高原绿度变化及动因[J]. 自然杂志, 39(3): 173–178.

张镱锂, 吴雪, 祁威, 等, 2015. 青藏高原自然保护区特征与保护成效简析[J]. 资源科学, 37(7): 1455-1464.

张瑜, 2011. 内蒙古草原旅游营销策略研究[D]. 呼和浩特：内蒙古大学.

张宇硕, 陈军, 陈利军, 等, 2015. 2000—2010年西伯利亚地表覆盖变化特征——基于GlobeLand30的分析[J]. 地理科学进展, 34(10): 1324-1333.

BEER C, REICHSTEIN M, TOMELLERI E, et al, 2010. Terrestrial gross carbon dioxide uptake: global distribution and covariation with climate[J]. Science, 329(5993): 834-838.

BORCHARDT P, SCHICKHOFF U, SCHEITWEILER S, et al, 2011. Mountain pastures and grasslands in the SW Tien Shan, Kyrgyzstan-Floristic patterns, environmental gradients, phytogeography, and grazing impact[J]. Journal of Mountain Science, 8(3): 363-373.

CHEN J L, PEKKER T, WILSON C R, et al, 2017. Long-term Caspian Sea level change[J]. Geophysical Research Letters, 44(13): 6993-7001.

HUANG M T, PIAO S L, CIAIS P, et al, 2019. Air temperature optima of vegetation productivity across global biomes[J]. Nature Ecology & Evolution, 3(5): 772-779.

JOHN R, CHEN J Q, GIANNICO V, et al, 2018. Grassland canopy cover and aboveground biomass in Mongolia and Inner Mongolia: Spatiotemporal estimates and controlling factors[J]. Remote Sensing of Environment, 213: 34-48.

LU F, HU H F, SUN W J, et al, 2018. Effects of national ecological restoration projects on carbon sequestration in China from 2001 to 2010[J]. Proceedings of the National Academy of Sciences of the United States of America, 115(16): 4039-4044.

QU Y B, ZHAO Y Y, DIGN G D, et al, 2021. Spatiotemporal patterns of the forage-livestock balance in the Xilin Gol steppe, China: implications for sustainably utilizing grassland-ecosystem services[J]. Journal of Arid Land, 13(2): 135-151.

ZHANG P, JEONG J H, YOON J H, et al, 2020. Abrupt shift to hotter and drier climate over inner East Asia beyond the tipping point[J]. Science, 370(6520): 1095-1099.

ZHAGN Y J, ZHANG X Q, WANG X Y, et al, 2014. Establishing the carrying capacity of the grasslands of China: A review[J]. The Rangeland Journal, 36(1): 1-9.

致　谢

"全球生态环境遥感监测2021年度报告——欧亚大陆草原生态状况"工作是在中华人民共和国科学技术部和财政部的支持下，由国家遥感中心牵头，遥感科学国家重点实验室协助组织，中国农业科学院农业资源与农业区划研究所、中国科学院南京土壤研究所等共同编撰。

本书集成了全球空间遥感信息报送和年度报告工作专项、国家重点研发计划"草地碳收支监测评估技术合作研究"（2017YFE0104500）、国家科技基础资源调查专项"蒙古高原（跨界）生物多样性综合考察"（2019FY102000）等科研项目相关成果。

国家基础地理信息中心提供了全球30米地表覆盖数据（GlobeLand30），中国资源卫星应用中心提供了卫星数据支持，中山大学袁文平教授提供了植被生产力模型数据，在此一并表示感谢。